曾国藩家训

[清] 曾国藩 著

中国友谊出版公司

图书在版编目（CIP）数据

曾国藩家训 ／（清）曾国藩著． —— 北京 ： 中国友谊
出版公司，2023.11（2025.3 重印）
ISBN 978-7-5057-5639-7

Ⅰ．①曾… Ⅱ．①曾… Ⅲ．①家庭道德－中国－清代
Ⅳ．①B823.1

中国国家版本馆CIP数据核字(2023)第173178号

书名	**曾国藩家训**
作者	[清]曾国藩
出版	中国友谊出版公司
发行	中国友谊出版公司
经销	新华书店
印刷	三河市龙大印装有限公司
规格	880毫米×1230毫米　32开
	9.5印张　245千字
版次	2023年11月第1版
印次	2025年3月第2次印刷
书号	ISBN 978-7-5057-5639-7
定价	39.80元
地址	北京市朝阳区西坝河南里17号楼
邮编	100028
电话	(010) 64678009

如发现图书质量问题，可联系调换。质量投诉电话：（010）59799930-601

家俭则兴，人勤则健

能勤能俭，永不贫贱

目 录
CONTENTS

001. 谕纪泽	1	019. 谕纪泽	33
002. 谕纪泽	5	020. 谕纪泽	34
003. 谕纪泽	7	021. 谕纪泽	35
004. 谕纪泽	11	022. 谕纪泽	36
005. 谕纪泽	12	023. 谕纪泽	38
006. 谕纪泽	13	024. 谕纪泽	39
007. 谕纪鸿	15	025. 谕纪泽	40
008. 谕纪泽	16	026. 谕纪泽	42
009. 谕纪泽	17	027. 谕纪泽	43
010. 谕纪泽	19	028. 谕纪泽	44
011. 谕纪泽	20	029. 谕纪泽	45
012. 谕纪泽	22	030. 谕纪泽	46
013. 谕纪泽	24	031. 谕纪泽	47
014. 谕纪泽	26	032. 谕纪泽	48
015. 谕纪泽	27	033. 谕纪泽	50
016. 谕纪泽	29	034. 谕纪泽	51
017. 谕纪泽	31	035. 谕纪泽	52
018. 谕纪泽	32	036. 谕纪泽	53

037. 谕纪泽	54	058. 谕纪泽	82
038. 谕纪泽	55	059. 谕纪泽	83
039. 谕纪泽	56	060. 谕纪泽	84
040. 谕纪泽	58	061. 谕纪泽	85
041. 谕纪泽	59	062. 谕纪泽	86
042. 谕纪泽	61	063. 谕纪泽、纪鸿	87
043. 谕纪泽	62	064. 谕纪泽	88
044. 谕纪泽、纪鸿	63	065. 谕纪泽	89
045. 谕纪泽、纪鸿	64	066. 谕纪鸿	90
046. 谕纪泽	65	067. 谕纪泽	91
047. 谕纪泽	66	068. 谕纪泽	92
048. 谕纪泽	67	069. 谕纪泽	93
049. 谕纪泽	69	070. 谕纪泽	94
050. 谕纪泽、纪鸿	71	071. 谕纪泽	95
051. 谕纪泽、纪鸿	72	072. 谕纪泽	96
052. 谕纪泽	74	073. 谕纪泽、纪鸿	98
053. 谕纪泽	75	074. 谕纪泽	99
054. 谕纪泽	77	075. 谕纪泽	101
055. 谕纪泽	78	076. 谕纪泽	102
056. 谕纪泽	79	077. 谕纪泽	103
057. 谕纪泽	81	078. 谕纪泽	104

079. 谕纪泽	105		100. 谕纪泽	127
080. 谕纪泽	106		101. 谕纪泽	128
081. 谕纪泽	107		102. 谕纪泽	129
082. 谕纪泽	109		103. 谕纪泽	130
083. 谕纪鸿	110		104. 谕纪泽	131
084. 谕纪鸿	111		105. 谕纪鸿	132
085. 谕纪鸿	112		106. 谕纪泽	133
086. 谕纪瑞	113		107. 谕纪泽	134
087. 谕纪泽	114		108. 谕纪泽	135
088. 谕纪泽	115		109. 谕纪泽、纪鸿	136
089. 谕纪泽	116		110. 谕纪泽、纪鸿	137
090. 谕纪泽	117		111. 谕纪泽	138
091. 谕纪泽	118		112. 谕纪泽、纪鸿	139
092. 谕纪泽	119		113. 谕纪泽	140
093. 谕纪泽	120		114. 谕纪泽、纪鸿	141
094. 谕纪鸿	121		115. 谕纪泽	142
095. 谕纪泽	122		116. 谕纪泽、纪鸿	143
096. 谕纪泽	123		117. 谕纪泽、纪鸿	145
097. 谕纪泽	124		118. 谕纪泽	146
098. 谕纪泽	125		119. 谕纪泽	148
099. 谕纪泽	126		120. 谕纪泽	149

121. 谕纪泽	150	142. 谕纪鸿	172
122. 谕纪泽、纪鸿	151	143. 谕纪泽、纪鸿	173
123. 谕纪泽	153	144. 谕纪泽	175
124. 谕纪泽	154	145. 谕纪泽、纪鸿	176
125. 谕纪泽、纪鸿	155	146. 谕纪泽、纪鸿	177
126. 谕纪泽	156	147. 谕纪泽、纪鸿	178
127. 谕纪泽、纪鸿	157	148. 谕纪泽、纪鸿	179
128. 谕纪泽	158	149. 谕纪泽、纪鸿	180
129. 谕纪泽	159	150. 谕纪泽、纪鸿	182
130. 谕纪泽	160	151. 谕纪泽、纪鸿	184
131. 谕纪泽	161	152. 谕纪泽、纪鸿	185
132. 谕纪泽、纪鸿	162	153. 谕纪泽、纪鸿	186
133. 谕纪泽	163	154. 谕纪泽、纪鸿	187
134. 谕纪泽、纪鸿	164	155. 谕纪泽、纪鸿	188
135. 谕纪泽、纪鸿	165	156. 谕纪泽、纪鸿	189
136. 谕纪泽	166	157. 谕纪泽、纪鸿	190
137. 谕纪泽、纪鸿	167	158. 谕纪泽	191
138. 谕纪泽	168	159. 谕纪泽	193
139. 谕纪泽	169	160. 谕纪泽	195
140. 谕纪鸿	170	161. 谕纪泽	196
141. 谕纪鸿	171	162. 谕纪泽	197

163. 谕纪泽	199		184. 谕纪泽	227
164. 谕纪泽	201		185. 谕纪泽	228
165. 谕纪泽	202		186. 谕纪泽、纪鸿	229
166. 谕纪泽	203		187. 谕纪泽、纪鸿	230
167. 谕纪泽	205		188. 谕纪泽、纪鸿	231
168. 谕纪泽	207		189. 谕纪泽、纪鸿	232
169. 谕纪泽	208		190. 谕纪泽、纪鸿	233
170. 谕纪泽	209		191. 谕纪泽、纪鸿	234
171. 谕纪泽	210		192. 谕纪泽、纪鸿	235
172. 谕纪泽、纪鸿	211		193. 谕纪泽、纪鸿	236
173. 谕纪泽	212		194. 谕纪寿	237
174. 谕纪泽	213		195. 谕纪泽	239
175. 谕纪泽	214		196. 谕纪泽	240
176. 谕纪泽	215		197. 谕纪泽	241
177. 谕纪泽	216		198. 谕纪泽	242
178. 谕纪泽	217		199. 谕纪泽	243
179. 谕纪泽	218		200. 谕纪泽	244
180. 谕纪泽	220		201. 谕纪泽	245
181. 谕纪泽	222		202. 谕纪泽、纪鸿	246
182. 谕纪泽	224		203. 谕纪泽	250
183. 谕纪泽	225		204. 谕纪泽	251

205. 谕纪泽、纪鸿　252
206. 谕纪泽　253
207. 谕纪泽　254
208. 谕纪泽　255
209. 谕纪泽　256
210. 谕纪泽　257
211. 谕纪泽　258
212. 谕纪泽　259
213. 谕纪泽　260
214. 谕纪泽　261
215. 谕纪泽　262
216. 谕纪泽　263
217. 谕纪泽　264
218. 谕纪泽　265
219. 谕纪泽　266
220. 谕纪泽　267
221. 谕纪泽　268

222. 谕纪泽　270
223. 谕纪泽　272
224. 谕纪泽　273
225. 谕纪泽、纪鸿　274
226. 谕纪泽、纪鸿　275
227. 谕纪泽、纪鸿　276
228. 谕纪泽、纪鸿　279
229. 谕纪泽、纪鸿　280
230. 谕纪泽、纪鸿　281
231. 谕纪泽、纪鸿　282
232. 谕纪泽　283
233. 谕纪泽　284
234. 谕纪泽　285
235. 谕纪泽、纪鸿　286
236. 谕纪泽　287
237. 谕纪泽　288

001. 谕纪泽

字谕纪泽儿：

七月二十五日丑正二刻，余行抵安徽太湖县之小池驿，惨闻吾母大故。余德不修，无实学而有虚名，自知当有祸变，惧之久矣。不谓天不陨灭我身，而反灾及我母。回思吾平日隐慝大罪不可胜数，一闻此信，真无地自容矣。小池驿去大江之滨尚有二百里，此两日内雇一小轿，仍走旱路，至湖北黄梅县临江之处即行雇船。计由黄梅至武昌不过六七百里，由武昌至长沙不过千里，大约八月中秋后可望到家。一出家辄十四年，吾母音容不可再见，痛极痛极！不孝之罪，岂有稍减之处！兹念京寓眷口尚多，还家甚难。特寄信到京，料理一切，开列于后：

一、我出京时将一切家事面托毛寄云年伯，均蒙慨许。此时遭此大变，尔往叩求寄云年伯筹划一切，必能俯允。现在京寓并无银钱，分毫无出，不得不开吊收赙仪，以作家眷回南之路费。开吊所得，大抵不过三百金。路费以人口太多之故，计须四五百金。其不足者，可求寄云年伯张罗。此外同乡如黎樾乔、黄恕皆老伯，同年如王静庵、袁午桥年伯，平日皆有肝胆，待我甚厚，或可求其凑办旅费。受人恩情，当为将来报答之地，不可多求人也。袁漱六姻伯处，只可求其出力帮办一切，不可令其张罗银钱，渠甚苦也。

一、京寓所欠之账，惟西顺兴最多，此外如杨临川、王静安、李玉泉、王吉云、陈仲鸾诸兄皆多年未偿。可求寄云年伯及黎、黄、王、袁诸君内，择其尤相熟者，前往为我展缓，我再有信致各处。外间若有奠

1

金来者，我当概存寄云、午桥两处。有一两即以一两还债，有一钱即以一钱还债。若并无分文，只得待我起复后再还。

一、家眷出京，行路最不易。樊城旱路既难，水路尤险，此外更无好路。不如仍走王家营为妥，只有十八日旱路。到清江（即王家营也）时有郭雨三亲家在彼，到池州江边有陈岱云亲家及树堂在彼，到汉口时，吾当托人照料。江路虽险，沿途有人照顾，或略好些。闻扬州有红船最稳，虽略贵亦可雇。尔母最怕坐车，或雇一驮轿亦可（又闻驴子驮轿比骡子较好）。然驮轿最不好坐，尔母可先试之。如不能坐，则仍坐三套大车为妥（于驮轿大车之外另雇一空轿车备用，不可装行李）。

一、开吊散讣不可太滥，除同年同乡门生外，惟门簿上有来往者散之，此外不可散一分。其单请庞省三先生定。此系无途费，不得已而为之，不可滥也；即不滥，我已愧恨极矣！

一、外间亲友，不能不讣告寄信，然尤不可滥。大约不过二三十封，我到武昌时当寄一单来，并寄信稿，此刻不可遽发信。

一、铺店账目宜一一清楚，今年端节已全楚矣。此外只有松竹斋新账，可请省三先生往清，只可少给他，不可欠他的出京。又有天元德皮货店，请寄云年伯往清。其新猞猁狲皮褂即退还他，若已做成，即并缎面送赠寄云可也。万一无钱，皮局账亦暂展限，但累寄云年伯多矣。

一、西顺兴账，自丁未年夏起至辛亥年夏止皆有折子，可将折子找出，请一明白人细算一遍（如省三先生、湘宾先生及子彦皆可）。究竟用他多少钱，专算本钱，不必兼算利钱。待本钱还清，然后再还利钱。我到武昌时，当写一信与萧沛之三兄。待我信到后，然后请寄云年伯去讲明可也。总须将本钱、利钱划为两段，乃不至胶辖不清。六月所借之捐贡银壹百二十余金，须设法还他，乃足以服人。此事须与寄云年伯熟计（其折子即交与毛，另誊一个带回）。

一、高松年有银百五十金，我经手借与曹西垣，每月利息京钱十千（立有折子）。今我家出京，高之利钱已无着落。渠系苦人，我当写信与

2

西垣，嘱其赶紧寄京。目前求黎樾乔老伯代西垣清几个月利钱，至恳至恳。并请高与黎见面一次。

一、木器等类，我出京时已面许全交与寄云，兹即一一交去，不可分散于人。虽坑垫坑枕及我坐蓝缎垫之类、玻璃灯及镜屏之类，亦一概交寄云年伯。盖器本少，分则更少矣。送渠一人，犹成人情耳，锡器、磁器亦交与他。锡器带一木箱回家亦可。其九碗合大圆席者不必带。

一、书籍我出京时一一点明，与尔舅父看过。其要紧者皆可带回；《读礼通考》四套不在要紧之列，此时亦须带回。此外我所不要带之书，惟《皇清经解》六十函算一大部，我出京时已与尔舅说明，即赠送与寄云年伯（我带两函出京，将来仍寄京）。又《会典》五十函算一大部，可借与寄云用。自此二部外，并无大部，亦无好板。可买打磨厂油箱，一一请书店伙计装好，上贯铁钉封皮，交寄云转寄存一庙内，每月出赁钱可也。边袖石借《通典》一函，田敬堂借地图八幅，吴南屏借梅伯言诗册，俱往取出带回。

一、大厅书架之后有油木箱三个，内皆法帖之类。其已裱好者可全带回，其未裱者带回亦可送人。家信及外来信，粘在本子上者皆宜带回。地舆图三付（并田敬堂借一分则四分矣），皆宜带回，又有十八省散图亦带回。字画、对联之类，择好者带回；上下木轴均撤去，以便卷成一捆。其不好者太宽者不必带，如《画像赞》《玄秘塔》之类。做一宽箱封锁，与书箱同寄一庙内。凡收拾书籍、字画之类，均请省三先生及子彦帮办，而牧云一一过目。其不带者，均用箱寄庙，带一点单回。

一、我本思在江西归家，凡本家亲友皆以银钱赠送，今既毫无可赠矣。尔母归来，须略备接仪，但须轻巧不累赘者，如毡帽、挽袖之类，亦不可多费钱。捞沙膏、眼药之属亦宜带些，高丽参带半斤。

一、纪泽宜做棉袍褂一付，靴帽各一，以便向祖父前叩头承欢。

一、王雁汀先生寄书，有一单，我已点与子彦看。记得乾隆二集系王世兄取去，五集系王太史（敦敏）向刘世兄借去，余刘世兄取去者有一片。此外皆在架上，可送还他。

一、苗仙鹿寄卖之书：《声订》《声读表》共一种、《毛诗韵订》一种、《建首字读本》，想到江西销售几部。今既不能，可将书架顶上三种各四十余部还他，交黎樾乔老伯转交。

一、送家眷出京，求牧云总其事。如牧云已中举，亦求于复试后。九月二十外起行，由王家营水路至汉口，或不还家，仍由汉口至京会试可也。下人中必须罗福、盛贵，若沈祥能来更好，否则李长子亦可。大约男仆须四人，女仆须三人。九月二十前后必须起程，不可再迟。一定由王家营走，我当写信托沿途亲友照料。

一、水陆途费约计三百余金，买东西捆装行李之物及略备接仪约须数十金，男女仆婢支用安家约须数十金（罗福、盛贵、鲁厨子多给几许钱亦可），共须五百金也。开吊之所入不足，则求毛年伯及诸位老伯张罗，总以早出京到家为妥。其京中各账，我再写信去料理。

以上十七条细心看明照办，并请袁姻伯、庞先生、毛寄云年伯、黎樾乔老伯、黄恕皆老伯、王静庵年伯、袁午桥年伯同看，不可送出外去看。

咸丰二年七月二十五夜

002. 谕纪泽

字谕纪泽儿：

又有三条，由湖北寄之信未写。

一、车三辆，一大一小一水车，牲口三个，问西顺兴可收用否？约共值二百金。若萧家不要，或售与他人，不可太贱。大骡去年买时（托临川买的）去五十金，小黑骡最好，值七十金，马亦值四十金。与其太贱而售，不如送人（若价钱相安，售亦可）。马系黎老伯借用，即可赠黎家。大方车或送罗椒生，或送朱久香皆可。此外二骡二车，请袁、毛、黎、袁诸老伯商量，应送何友即送之，骡子送杨临川一个亦可。

一、新书柜二个（每个九屉），余随身要用，可用毡包裹带回。内太空，可将书房要紧细碎之件装其中，或未裱之帖亦可装入。各图书、各砚台石将逐一纸包，不可碰坏。

一、《会典》板片十块送还礼部。

此信可请袁、庞、毛、黎、黄、袁、王来一看，我到船上再写信各处也。

父亲名麟书。母亲生乾隆五十年乙巳十一月初三日，殁壬子六月十二日。覃恩诰封一品太夫人，享寿六十八岁。叔父名骥云。哀子国藩、国潢、国荃、国葆，降服子国华，孙纪泽、纪梁、纪鸿、纪渠、纪△、纪△（有两名忘记，皆三点水）。备讣式之用。六部九卿汉堂官皆甚熟，全散讣亦可。满堂必须有来往者。同官非年谊乡谊不发，及□□□发。

凡带器物，仍听尔母尔舅斟酌。

咸丰二年七月二十七日，国藩书于黄梅境内

003. 谕纪泽

字谕纪泽儿:

　　吾于七月二十五日在太湖县途次痛闻吾母大故,是日仍雇小轿行六十里,是夜未睡,写京中家信料理一切,命尔等眷口于开吊后赶紧出京。二十六夜发信,交湖北抚台寄京。二十七发信,交江西抚台寄京。两信是一样说话,而江西信更详。恐到得迟,故由两处发耳。惟仓卒哀痛之中有未尽想到者,兹又想出数条,开示于后。

　　一、他人欠我账目,算来亦将近千金。惟同年鄢勋斋(敏学),当时听其肤受之诉而借与百金,其实此人并不足惜(寄云兄深知此事)。今渠已参官,不复论已。此外凡有借我钱者,皆光景甚窘之人。此时我虽窘迫,亦不必向人索取。如袁亲家、黎樾翁、汤世兄、周荇农、邹云阶,此时皆甚不宽裕。至留京公车,如复生同年、吴镜云、李子彦、刘裕轩、曾爱堂诸人,尤为清苦异常,皆万不可向其索取,即送来亦可退还。盖我欠人之账,既不能还清出京,人欠我之账而欲其还,是不恕也。从前黎樾翁出京时亦极窘,而不肯索穷友之债,是可为法。至于胡光伯之八十两、刘仙石之二百千钱,渠差旋时自必还交袁亲家处,此时亦不必告知渠家也。外间有借我者,亦极窘,我亦不写信去问他。

　　一、我于二十八、二十九在九江耽搁两日,雇船及办青衣等事,三十早即开船。二十九日江西省城公送来奠分银壹千两,余以三百两寄京还债,以西顺兴今年之代捐贡银及寄云兄代买皮货银之类皆极紧急。其银交湖北主考带进京。想到京时家眷已出京矣,即交寄云兄择其急者而还之。下剩七百金，以二百余金在省城还账（即左景乔之百金及凌、王、曹、曾四家之奠金），带四百余金至家办葬事。

一、驮轿要雇即须二乘，尔母带纪鸿坐一乘，乳妈带六小姐、五小姐坐一乘。若止一乘，则道上与众车不同队，极孤冷也。此外雇空太平车一乘，备尔母道上换用。又雇空轿车一乘，备尔与诸妹弱小者坐。其余概用三套头大车。我之主见，大略如此。若不妥当，仍请袁姻伯及毛、黎各老伯斟酌，不必以我言为定准。

一、李子彦无论中否皆须出京，可请其与我家眷同行几天。行至雄县，渠分路至保定去，亦不甚绕也。到清江浦雇船，可请郭雨三姻伯雇，或雇湖广划子二只亦可。或至扬州换雇红船，或雇湘乡钓钩子亦可。沿途须发家信。至清江浦托郭姻伯寄信，至扬州托刘星房老伯寄信，至池州托陈姻伯，至九江亦可求九江知府寄，至湖北托常太姻伯寄，以慰家中悬望。信面写法另附一条。

一、小儿女等须多做几件棉衣，道上十月固冷，船上尤寒也。

一、我托夏阶平老伯请各家诰封：一梁献廷、一邓廷楠、一刘继振三教官。我另有信与阶平兄，尔须送银十二两至夏家去。至家中请封之事，暂不交银，俟后再寄可也。

一、御书诗匾及戴醇士、刘芋云所写匾，俱可请裱匠启下，卷起带回。王孝凤借去天图，其底本系郭筠仙送我的，暂存孝凤处，将来请交筠仙。

一、我船一路阻风，行十一日，尚止走得三百余里，极为焦灼。幸冯树堂由池州回家，来至船上与我作伴，可一同到省，堪慰孤寂，京中可以放心。

一、江西送奠仪千金，外有门包百金。丁贵、孙福等七人已分去六十金，尚存四十金。将来罗福、盛贵、沈祥等到家，每人可分八九两。渠等在京要支钱，亦可支与他，渠等皆极苦也。

一、松竹斋军机信封五寸长者、六寸长者、七寸长者三等，各为我

8

买百封并签子。

一、我写信十余封至京，各处有回我信者，先交折差寄回。

一、我在九江时，知府陈景曾、知县李福（甲午同年）皆待我极好。家眷过九江时，我已托他照应，但讨快不讨关（讨关免关钱也，讨快但求快快放行，不免关税也）。尔等过时，渠若照应，但可讨快，不可代船户讨免关。

一、船上最怕盗贼。我在九江时，德化县派一差人护送，每夜安船后，差人唤塘兵打更，究竟好些。家眷过池州时，可求陈姻伯饬县派一差人护送。沿途写一溜信，一径护送到湖南（上县传知下县，谓之溜信），或略好些。若陈姻伯因系亲戚避嫌不肯，则仍至九江求德化县派差护送。每过一县换一差，不过赏大钱贰百文。

一、各处发讣信，现在病不知日，没不知时，不能写信稿，只好到家后再说。

咸丰二年八月初八日，蕲水舟中书

沿途寄家信封面写式：

内家信，敬求加封妥寄至湖北巡抚部院常署内转，求速递至湘乡县前任礼部右堂曾宅开拆为感。某月某日自某处发。

（家眷不出京，此式不用了。此后写信，但交顺天府马递至湖北抚署转交我手便是。十二夜批。

此信写后，余于十二日至湖北省城晤常世兄，备闻湖南消息，此后家眷不出京，我另写一信，此信全用不着了。十二夜批。）

余于初八日在舟中写就家信，十一早始到黄州。因阻风太久，遂雇一小轿起旱。十二日未刻到湖北省城。晤常南陔先生之世兄，始知湖南消息。长沙被围危急，道路梗阻，行旅不通，不胜悲痛，焦灼之至。

现余在武昌小住，家眷此时万不可出京，且待明年春间再说。开吊之后，另搬一小房子住，余陆续设法寄银进京用。匆匆草此，俟一二日内续寄。

涤生字

咸丰二年八月十二日夜，在武昌城内

004. 谕纪泽

字谕纪泽：

　　十三日在湖北省城住一天，左思右想，只得仍回家见吾父为是。拟十四日起行，由岳州、湘阴绕道出沅江、益阳以至湘乡，大约须半个月，沿途自知慎重。如果遇贼，即仍回湖北省城。陆续有家信寄京，不必挂念。家眷既不出京，止将书捡存箱内，搬一房子，余物概不必动。余行李皆存常大人署中，留荆七、孙福看守，自带丁、韩二人回南。常又差四人护送，可以放心。

　　并呈尔舅尔母。京中寄家信概交湖北抚台常为妥。

涤生字

咸丰二年八月十三夜，在湖北省城

005. 谕纪泽

字谕纪泽儿:

余于八月十四日在湖北起行,十八至岳州,由湘阴、宁乡绕道于二十三日到家,在腰里新屋痛哭吾母。二十五日至白杨坪老屋,敬谒吾祖星冈公坟墓。家中老少平安,地方亦安静。合境团练武艺颇好,土匪可以无虞。吾奉父亲大人之命,于九月十三日暂厝吾母于腰里屋后,俟将来寻得吉地再行迁葬。家眷在京,暂时不必出京,俟长沙事平再有信来。王吉云同年在湖北主考回京,余交三百二十金托渠带京,想近日可到。

余将发各处讣信,刻尚无暇,待九月再寄。京中寄信回,交湖北常大人处最妥。岳父、岳母俱于二十五日来我家,身体甚好,尔可告知尔母。余不尽。

牧云仁兄不另书。

余在汉口交银三百二十两,请王吉云同年带至京城。其三百两略还紧急债,或家中无钱用,则债暂缓亦可,然西顺兴捐贡银必须还也。余留银在湖北,以后可陆续寄京用。其二十两即下人之银,共门包百两。丁贵等太辛苦,分去八十矣,此二十请太太分与家下人。又书三函亦查收。字谕纪泽儿。

涤生手示

咸丰二年八月二十六日

006. 谕纪泽

字谕纪泽儿：

予自在太湖县闻讣后，于二十六日书家信一号，托陈岱云交安徽提塘寄京；二十七日写二号家信，托常南陔交湖北提塘寄京；二十八日发三号，交丁松亭转交江西提塘寄京。此三次信皆命家眷赶紧出京之说也。八月十三日在湖北发家信第四号，十四日发第五号，二十六日到家后发家信第六号。此三次信皆言长沙被围，家眷不必出京之说也。不知皆已收到否？

余于二十三日到家，家中一切皆清吉，父亲大人及叔父母以下皆平安。余癣疾自到家后日见痊愈。地方团练，我曾家人人皆习武艺，外姓亦多善打者，土匪决可无虞。粤匪之氛虽恶，我境僻处万山之中，不当孔道，亦断不受其蹂躏。现奉父亲大人之命，于九月十三日权厝先妣于下腰里屋后山内，俟明年寻有吉地再行改葬。所有出殡之事，一切皆从俭约，惟新做大杠，六十四人舁请，约费钱十余千，盖乡间木料甚贱也。请客约百余席，不用海菜，县城各官一概不请。神主即请父亲大人自点。

丁贵自二十七日已打发他去了，我在家并未带一仆人，盖居乡即全守乡间旧样子，不参半点官宦气习。丁贵自回益阳，至渠家住数日，仍回湖北为我搬取行李回家，与荆七二人同归。孙福系山东人，至湖南声音不通，即命渠由湖北回京，给渠盘缠十六两，想渠今冬可到京也。

尔奉尔母及诸弟妹在京，一切皆宜谨慎。目前不必出京，待长沙贼退后，余有信来，再行收拾出京。兹寄去信稿一件，各省应发信单一件，尔可将信稿求袁姻伯或庞师照写一纸发刻。其各省应发信，仍求袁、毛、黎、黄、王、袁诸老位妥为寄去。余到家后，诸务丛集，各处不及再写信，前在湖北所发各处信，想已到矣。

十三日申刻，母亲大人发引，戌刻下窆。十二日早响鼓，巳刻开祭，共祭百余堂。十三日正酒一百九十席，前后客席甚多。十四日开口，客八人一席，共二百六十余席。诸事办得整齐。母亲即权厝于凹里屋后山内，十九日筑坟可毕。现在地方安静。闻长沙屡获胜仗，想近日即可解围。尔等回家，为期亦近矣。

罗劬农（芸皋之弟）至我家，求我家在京中略为分润渠兄。我家若有钱，或十两，或八两，可略分与芸皋用。不然，恐同县留京诸人有断炊之患也。书不能尽，余俟续示。

涤生手示
咸丰二年九月十八日

007. 谕纪鸿

字谕纪鸿儿：

　　家中人来营者，多称尔举止大方，余为少慰。凡人多望子孙为大官，余不愿为大官，但愿为读书明理之君子。勤俭自持，习劳习苦，可以处乐，可以处约，此君子也。余服官二十年，不敢稍染官宦气习，饮食起居尚守寒素家风，极俭也可，略丰也可，太丰则吾不敢也。凡仕宦之家，由俭入奢易，由奢返俭难。尔年尚幼，切不可贪爱奢华，不可惯习懒惰。无论大家小家、士农工商，勤苦俭约未有不兴，骄奢倦怠未有不败。尔读书写字不可间断，早晨要早起，莫坠高、曾、祖、考以来相传之家风。吾父、吾叔皆黎明即起，尔之所知也。

　　凡富贵功名，皆有命定，半由人力，半由天事。惟学作圣贤，全由自己作主，不与天命相干涉。吾有志学为圣贤，少时欠居敬工夫，至今犹不免偶有戏言戏动。尔宜举止端庄，言不妄发，则入德之基也。手谕。

　　　　　　　　　咸丰六年九月二十九夜，时在江西抚州门外

008. 谕纪泽

字谕纪泽儿：

　　胡二等来，接尔安禀，字画尚未长进。尔今年十八岁，齿已渐长，而学业未见其益。陈岱云姻伯之子号杏生者，今年入学，学院批其诗冠通场。渠系戊戌二月所生，比尔仅长一岁，以其无父无母家渐清贫，遂尔勤苦好学，少年成名。尔幸托祖父余荫，衣食丰适，宽然无虑，遂尔酣豢佚乐，不复以读书立身为事。古人云，劳则善心生，佚则淫心生；孟子云，生于忧患，死于安乐。吾虑尔之过于佚也。新妇初来，宜教之入厨作羹，勤于纺绩，不宜因其为富贵子女不事操作。大、二、三诸女已能做大鞋否？三姑一嫂，每年做鞋一双寄余，各表孝敬之忱，各争针黹之工；所织之布，所寄衣袜等件□□□，余亦得察闺门以内之勤惰也。

　　余在军中不废学问，读书写字未甚间断，惜年老眼蒙，无甚长进。尔今未弱冠，一刻千金，切不可浪掷光阴。四年所买衡阳之田，可觅人售出，以银寄营，为归还李家款。父母存，不有私财，士庶人且然，况余身为卿大夫乎？

　　余癣疾复发，不似去秋之甚。李次青十七日在抚州败挫，已详寄沅浦函中。现在崇仁加意整顿，三十日获一胜仗。口粮缺乏，时有决裂之虞，深用焦灼。

　　尔每次安禀详陈一切，不可草率，祖父大人之起居，合家之琐事，学堂之工课，均须详载。切切此谕。

咸丰六年十月初二日

009. 谕纪泽

字谕纪泽儿：

接尔安禀，字画略长进。近日看《汉书》。余生平好读《史记》《汉书》《庄子》、韩文[①]四书，尔能看《汉书》，是余所欣慰之一端也。

看《汉书》有两种难处，必先通于小学、训诂之书，而后能识其假借奇字；必先习于古文辞章之学，而后能读其奇篇奥句。尔于小学、古文两者皆未曾入门，则《汉书》中不能识之字、不能解之句多矣。欲通小学，须略看段氏《说文》《经籍纂诂》二书。王怀祖（名念孙，高邮州人）先生有《读书杂志》，中于《汉书》之训诂极为精博，为魏晋以来释《汉书》者所不能及。欲明古文，须略看《文选》及姚姬传之《古文辞类纂》二书。班孟坚最好文章，故于贾谊、董仲舒、司马相如、东方朔、司马迁、扬雄、刘向、匡衡、谷永诸传皆全录其著作；即不以文章名家者，如贾山、邹阳等四人传，严助、朱买臣等九人传，赵充国屯田之奏，韦元成议礼之疏以及贡禹之章、陈汤之奏狱，皆以好文之故，悉载巨篇。如贾生之文，既著于本传，复载于《陈涉传》《食货志》等篇；子云之文，既著于本传，复载于《匈奴传》《王贡传》等篇，极之《充国赞》《酒箴》，亦皆录入各传。盖孟坚于典雅瑰玮之文，无一字不甄采。尔将十二帝纪阅毕后，且先读列传。凡文之为昭明暨姚氏所选者，则细心读之；即不为二家所选，则另行标识之。若小学、古文二端略得途径，其于读《汉

[①] 韩文：指韩愈的文章。韩愈是"唐宋八大家"之一，主张"文道合一""文从字顺"等理论，对后世影响深远。

书》之道思过半矣。

世家子弟最易犯一奢字、傲字。不必锦衣玉食而后谓之奢也，但使皮袍呢褂俯抬即是，舆马仆从习惯为常，此即日趋于奢矣。见乡人则嗤其朴陋，见雇工则颐指气使，此即日习于傲矣。《书》称"世禄之家，鲜克由礼"，《传》称"骄奢淫佚，宠禄过也"。京师子弟之坏，未有不由于骄、奢二字者，尔与诸弟其戒之。至嘱至嘱。

咸丰六年十一月初五日

010. 谕纪泽

字谕纪泽儿：

余于二十早至湘阴，二十一日未刻至岳州。丁义方自九江来，带有书四篓。余留《宋元通鉴》《明史》在营，余皆寄家，尔可便中付去。开单附往查收。尔禀告叔祖、四、二叔可也。

涤生手示

咸丰八年六月二十二日，岳州

011. 谕纪泽

字谕纪泽儿：

余此次出门，略载日记，即将日记封每次家信中。闻林文忠家书即系如此办法。尔在省，仅至丁、左两家，余不轻出，足慰远怀。

读书之法，看、读、写、作四者每日不可缺一。看者，如尔去年看《史记》《汉书》、韩文、《近思录》，今年看《周易折中》之类是也。读者，如《四书》《诗》《书》《易经》《左传》诸经，《昭明文选》，李、杜、韩、苏之诗，韩、欧、曾、王之文，非高声朗诵则不能得其雄伟之概，非密咏恬吟则不能探其深远之韵。譬之富家居积，看书则在外贸易，获利三倍者也，读书则在家慎守，不轻花费者也；譬之兵家战争，看书则攻城略地，开拓土宇者也，读书则深沟坚垒，得地能守者也。看书如子夏之"日知所亡"相近，读书与"无忘所能"相近，二者不可偏废。至于写字，真、行、篆、隶，尔颇好之，切不可间断一日。既要求好，又要求快。余生平因作字迟钝吃亏不少，尔须力求敏捷，每日能作楷书一万则几矣。至于作诸文，亦宜在二三十岁立定规模，过三十后则长进极难。作四书文，作试帖诗，作律赋，作古今体诗，作古文，作骈体文，数者不可不一一讲求，一一试为之。少年不可怕丑，须有狂者进取之趣，过时不试为之，则后此弥不肯为矣。

至于作人之道，圣贤千言万语，大抵不外敬、恕二字。"仲弓问仁"一章，言敬、恕最为亲切。自此以外，如立则见其参于前也，在舆则见其倚于衡也。君子无众寡，无小大，无敢慢，斯为泰而不骄；正其衣冠，俨然人望而畏，斯为威而不猛。是皆言敬之最好下手者。孔言欲立立人，欲达达人；孟言行有不得，反求诸己。以仁存心，以礼存心，有终身之忧，无一朝之患。是皆言恕之最好下手者。尔心境明白，于恕字或易著功，敬字则宜勉强行之。此立德之基，不可不谨。

科场在即，亦宜保养身体。余在外平安，不多及。

再，此次日记已封入澄侯叔函中寄至家矣。余自十二至湖口，十九夜五更开船晋江西省，二十一申刻至章门。余不多及。又示。

涤生手谕

咸丰八年七月二十一日

舟次樵舍下，去江西省城八十里

012. 谕纪泽

字谕纪泽：

八月一日，刘曾撰来营，接尔第二号信并薛晓帆信，得悉家中四宅平安，至以为慰。

汝读《四书》无甚心得，由不能虚心涵泳，切己体察。朱子教人读书之法，此二语最为精当。尔现读《离娄》，即如《离娄》首章"上无道揆，下无法守"。吾往年读之，亦无甚警惕。近岁在外办事，乃知上之人必揆诸道，下之人必守乎法。若人人以道揆自许，从心而不从法，则下凌上矣。"爱人不亲"章，往年读之，不甚亲切。近岁阅历日久，乃知治人不治者，智不足也。此切己体察之一端也。涵、泳二字最不易识，余尝以意测之。曰：涵者，如春雨之润花，如清渠之溉稻。雨之润花，过小则难透，过大则离披，适中则涵濡而滋液；清渠之溉稻，过小则枯槁，过多则伤涝，适中则涵养而浡兴。泳者，如鱼之游水，如人之濯足。程子谓鱼跃于渊，活泼泼地；庄子言濠梁观鱼，安知非乐？此鱼水之快也。左太冲有"濯足万里流"之句，苏子瞻有夜卧濯足诗，有浴罢诗，亦人性乐水者之一快也。善读书者，须视书如水，而视此心如花、如稻、如鱼、如濯足，则涵、泳二字，庶可得之于意言之表。尔读书易于解说文义，却不甚能深入，可就朱子涵泳体察二语悉心求之。

邹叔明新刊地图甚好。余寄书左季翁，托购致十副。尔收得后，可好藏之。薛晓帆银百两宜璧还。余有复信，可并交季翁也。此嘱。

父涤生字
咸丰八年八月初三日

013. 谕纪泽

字谕纪泽儿：

十九日曾六来营，接尔初七日第五号家信并诗一首，具悉。次日入闱，考具皆齐矣。此时计已出闱还家。

余于初八日至河口。本拟由铅山入闽，进捣崇安，已拜疏矣。光泽之贼窜扰江西，连陷泸溪、金溪、安仁三县，即在安仁屯踞。十四日派张凯章往剿。十五日余亦回驻弋阳。待安仁破灭后，余乃由泸溪云际关入闽也。

尔七古诗，气清而词亦稳，余阅之忻慰。凡作诗，最宜讲究声调。余所选抄五古九家、七古六家，声调皆极铿锵，耐人百读不厌。余所未抄者，如左太冲、江文通、陈子昂、柳子厚之五古，鲍明远、高达夫、王摩诘、陆放翁之七古，声调亦清越异常。尔欲作五古、七古，须熟读五古、七古各数十篇。先之以高声朗诵，以昌其气；继之以密咏恬吟，以玩其味。二者并进，使古人之声调，拂拂然若与我之喉舌相习，则下笔为诗时，必有句调凑赴腕下。诗成自读之，亦自觉琅琅可诵，引出一种兴会来。古人云"新诗改罢自长吟"，又云"煅诗未就且长吟"，可见古人惨淡经营之时，亦纯在声调上下工夫。盖有字句之诗，人籁也；无字句之诗，天籁也。解此者，能使天籁、人籁凑泊而成，则于诗之道思过半矣。

尔好写字，是一好气习。近日墨色不甚光润，较去年春夏已稍退矣。以后作字，须讲究墨色。古来书家，无不善使墨者，能令一种神光活色浮于纸上，固由临池之勤、染翰之多所致，亦缘于墨之新旧浓淡，用墨之轻重疾徐，皆有精意运乎其间，故能使光气常新也。

余生平有三耻：学问各途，皆略涉其涯涘，独天文、算学毫无所知，虽恒星五纬亦不识认，一耻也；每作一事，治一业，辄有始无终，二耻也；少时作字，不能临摹一家之体，遂致屡变而无所成，迟钝而不适于用，近岁在军，因作字太钝，废阁殊多，三耻也。尔若为克家之子，当思雪此三耻。推步算学，纵难通晓，恒星五纬，观认尚易。家中言天文之书，有《十七史》中各天文志，及《五礼通考》中所辑观象授时一种。每夜认明恒星二三座，不过数月，可毕识矣。凡作一事，无论大小难易，皆宜有始有终。作字时，先求圆匀，次求敏捷。若一日能作楷书一万，少或七八千，愈多愈熟，则手腕毫不费力。将来以之为学，则手抄群书；以之从政，则案无留牍。无穷受用，皆自写字之匀而且捷生出。三者皆足弥吾之缺憾矣。

今年初次下场，或中或不中，无甚关系，榜后即当看《诗经》注疏。以后穷经读史，二者迭进。国朝大儒，如顾、阎、江、戴、段、王数先生之书，亦不可不熟读而深思之。光阴难得，一刻千金。以后写安禀来营，不妨将胸中所见，简编所得，驰骋议论，俾余得以考察尔之进步，不宜太寥寥。此谕。

咸丰八年八月二十日

书于弋阳军中

014. 谕纪泽

字谕纪泽儿：

闻儿经书将次读毕，差用少慰。

自"五经"外，《周礼》《仪礼》《尔雅》《孝经》《公羊》《穀梁》六书，自古列之于经，所谓十三经也。此六经宜请塾师口授一遍。尔记性平常，不必求熟。

十三经外所最宜熟读者，莫如《史记》、《汉书》、《庄子》、韩文四种。余生平好此四书，嗜之成癖，恨未能一一诂释笺疏，穷力讨治。自此四种而外，又如《文选》、《通典》、《说文》、《孙武子》、《方舆纪要》、近人姚姬传所辑《古文辞类纂》、余所抄十八家诗，此七书者，亦余嗜好之次也。

凡十一种，吾以配之"五经""四书"之后，而《周礼》等六经者，或反不知笃好，盖未尝致力于其间，而人之性情各有所近焉尔。吾儿既读"五经""四书"，即当将此十一书寻究一番，纵不能讲习贯通，亦当思涉猎其大略，则见解日开矣。

涤生手谕

咸丰八年九月二十八日

015. 谕纪泽

字谕纪泽：

十月十一日接尔安禀，内附隶字一册。二十四日接澄叔信，内附尔临《元教碑》一册。王五及各长夫来，具述家中琐事甚详。

尔信内言读《诗经》注疏之法，比之前一信已有长进。凡汉人传注、唐人之疏，其恶处在确守故训，失之穿凿；其好处在确守故训，不参私见。释谓为勤，尚不数见，释言为我，处处皆然，盖亦十口相传之诂，而不复顾文气之不安。如《伐木》为文王与友人入山，《鸳鸯》为明王交于万物，与尔所疑《蓼斯》章解，同一穿凿。朱子《集传》，一扫旧障，专在涵泳神味，虚而与之委蛇。然如《郑风》诸什，注疏以为皆刺忽者固非，朱子以为皆淫奔者，亦未必是。尔治经之时，无论看注疏，看宋传，总宜虚心求之。其惬意者，则以朱笔识出；其怀疑者，则以另册写一小条，或多为辨论，或仅著数字，将来疑者渐晰，又记于此条之下，久久渐成卷帙，则自然日进。高邮王怀祖先生父子，经学为本朝之冠，皆自札记得来。吾虽不及怀祖先生，而望尔为伯申氏甚切也。

尔问时艺可否暂置，抑或它有所学？余惟文章之可以道古，可以适今者，莫如作赋。汉魏六朝之赋，名篇巨制，具载于《文选》，余尝以《西征》、《芜城》及《恨》、《别》等赋示尔矣。其小品赋，则有《古赋识小录》。律赋，则有本朝之吴谷人、顾耕石、陈秋舫诸家。尔若学赋，可于每三、八日作一篇大赋，或数千字，小赋或仅数十字，或对或不对，均无不可。此事比之八股文略有意趣，不知尔性与之相近否？尔所临隶书《孔宙碑》，笔太拘束，不甚松活，想系执笔太近毫之故，以后须执于管顶。余以执笔太低，终身吃亏，故教尔趁早改之。《元教碑》墨气甚好，可喜可喜。郭二姻叔嫌左肩太俯，右肩太耸，吴子序年伯欲带归示其子弟。尔字姿于草书尤相宜，以后专习真、草二种，篆、隶置之可也。四体并习，恐将来不能一工。

余癣疾近日大愈，目光平平如故。营中各勇夫病者，十分已好六七，惟尚未复元，不能拔营进剿，良深焦灼。闻甲五目疾十愈八九，忻慰之至。尔为下辈之长，须常常存个乐育诸弟之念。君子之道，莫大乎与人为善，况兄弟乎？临三、昆八系亲表兄弟，尔须与之互相劝勉。尔有所知者，常常与之讲论，则彼此并进矣。此谕。

咸丰八年十月二十五日

016. 谕纪泽

字谕纪泽：

二十五日寄一信，言读《诗经》注疏之法。二十七日县城二勇至，接尔十一日安禀，具悉一切。

尔看天文，认得恒星数十座，甚慰甚慰。前信言《五礼通考》中观象授时二十卷内恒星图最为明晰，曾翻阅否？国朝大儒于天文历数之学，讲求精熟，度越前古。自梅定九、王寅旭以至江、戴诸老，皆称绝学，然皆不讲占验，但讲推步。占验者，观星象云气以卜吉凶，《史记·天官书》《汉书·天文志》是也。推步者，测七政行度，以定授时，《史记·律书》《汉书·律历志》是也。秦昧经先生之观象授时，简而得要。心壶既肯究心此事，可借此书与之阅看（《五礼通考》内有之，《皇清经解》内亦有之）。若尔与心壶二人能略窥二者之端绪，则足以补余之阙憾矣。四六落脚一字粘法，另纸写示（因接安徽信，遂不开示）。

书至此，接赵克彰十五夜自桐城发来之信，温叔及李迪庵方伯尚无确信，想已殉难矣，悲悼曷极！来信寄叔祖父封内中有往六安州之信，尚有一线生机。余官至二品，诰命三代，封妻荫子，受恩深重，久已置死生于度外，且常恐无以对同事诸君于地下。温叔受恩尚浅，早岁不获一第，近年在军，亦不甚得志，设有不测，赍憾有穷期耶？军情变幻不测，春夏间方冀此贼指日可平，不图七月有庐州之变，八九月有江浦、六合之变，兹又有三河之大变，全局破坏，与咸丰四年冬间相似，情怀难堪。但愿尔专心读书，将我所好看之书领略得几分，我所讲求之事钻研得几分，则余在军中，心常常自慰。尔每日之事，亦可写日记，以便查核。

咸丰八年十月二十九日，建昌营次

017. 谕纪泽

字谕纪泽：

初一日接尔十二日一禀，得知四宅平安，尔将有长沙之行，想此时又归也。少庚早世，贺家气象日以凋耗，尔当常常寄信与尔岳母，以慰其意。每年至长沙走一二次，以解其忧。耦耕先生学问文章，卓绝辈流，居官亦恺恻慈祥，而家运若此，是不可解！尔挽联尚稳妥。

《诗经》字不同者，余忘之。凡经文板本不合者，阮氏校勘记最详（阮刻《十三经注疏》，今年六月在岳州寄回一部，每卷之末皆附校勘记，《皇清经解》中亦刻有校勘记，可取阅也）。凡引经不合者，段氏《撰异》最详（段茂堂有《诗经撰异》《书经撰异》等著，俱刻于《皇清经解》中）。尔翻而校对之，则疑者明矣。

咸丰八年十二月初三日

018. 谕纪泽

字谕纪泽：

　　日来接尔两禀，知尔《左传》注疏将次看完。《三礼》注疏，非将江慎修《礼书纲目》识得大段，则注疏亦殊难领会，尔可暂缓，即《公》《穀》亦可缓看。尔明春将胡刻《文选》细看一遍，一则含英咀华，可医尔笔下枯涩之弊；一则吾熟读此书，可常常教尔也。沅叔及寅皆先生望尔作四书文，极为勤恳。余念尔庚申、辛酉下两科场，文章亦不可太丑，惹人笑话。尔自明年正月起，每月作四书文三篇，俱由家信内封寄营中。此外或作得诗赋论策，亦即寄呈。

　　写字之中锋者，用笔尖着纸，古人谓之蹲锋，如狮蹲、虎蹲、犬蹲之象。偏锋者，用笔毫之腹着纸，不倒于左，则倒于右，当将倒未倒之际，一提笔则为蹲锋。是用偏锋者，亦有中锋时也。此谕。

涤生字

咸丰八年十二月二十三日

019. 谕纪泽

字谕纪泽：

闻尔至长沙已逾月余，而无禀来营，何也？少庚讦信百余件，闻皆尔亲笔写之。何不发刻？或请人帮写？非谓尔宜自惜精力，盖以少庚年未三十，情有等差，礼有隆杀，则精力亦不宜过竭耳。近想已归家度岁。今年家中因温甫叔之变，气象较之往年迥不相同。余因去年在家，争辨细事，与乡里鄙人无异，至今深抱悔憾。故虽在外，亦恻然寡欢。尔当体我此意，于叔祖、各叔父母前尽些爱敬之心。常存休戚一体之念，无怀彼此歧视之见，则老辈内外必器爱尔，后辈兄弟姊妹必以尔为榜样，日处日亲，愈久愈敬。若使宗族乡党皆曰纪泽之量大于其父之量，则余欣然矣。

余前有信教尔学作赋，尔复禀并未提及。又有信言涵养二字，尔复禀亦未之及。嗣后我信中所论之事，尔宜一一禀复。余于本朝大儒，自顾亭林之外，最好高邮王氏之学。王安国以鼎甲官至尚书，谥文肃，正色立朝。生怀祖先生念孙，经学精卓。生王引之，复以鼎甲官尚书，谥文简。三代皆好学深思，有汉韦氏、唐颜氏之风。余自憾学问无成，有愧王文肃公远甚，而望尔辈为怀祖先生，为伯申氏，则梦寐之际，未尝须臾忘也。怀祖先生所著《广雅疏证》《读书杂志》，家中无之。伯申氏所著《经义述闻》《经传释词》，《皇清经解》内有之。尔可试取一阅。其不知者，写信来问。本朝穷经者，皆精小学，大约不出段、王两家之范围耳。余不一一。

父涤生示

咸丰八年十二月三十日

020.谕纪泽

　　再，纪泽明春须至罗家、刘家、李家拜年，如今年正月之样。刘峙衡待我极好，余至今念之，拟寄银百两交其妻子。泽儿至峙家，顺便仍宜拜沅堂□老师。李家迪公之事，余当在营厚赒之。

涤生再示

咸丰八年十二月三十日

021. 谕纪泽

字谕纪泽儿：

　　余五月服阕，尔禀明母亲，将余衣服清出，送至军营，或由湖北水路，或由旱路皆可。盛四何时回营？交其带来亦可。

父涤生示

咸丰九年二月二十四早

022. 谕纪泽

字谕纪泽：

三月初二日接尔二月二十日安禀，得知一切。

内有贺丹麓先生墓志，字势流美，天骨开张，览之忻慰。惟间架间有太松之处，尚当加功。大抵写字只有用笔、结体两端。学用笔，须多看古人墨迹；学结体，须用油纸摹古帖。此二者，皆决不可易之理。小儿写影本，肯用心者，不过数月，必与其摹本字相肖。吾自三十时已解古人用笔之意，只为欠却间架工夫，便尔作字不成体段。生平欲将柳诚悬、赵子昂两家合为一炉，亦以间架欠工夫，有志莫遂。尔以后当从间架用一番苦功，每日用油纸摹帖，或百字，或二百字，不过数月，间架与古人逼肖而不自觉。能合柳、赵为一，此吾之素愿也。不能，则随尔自择一家，但不可见异思迁耳。不特写字宜摹仿古人间架，即作文亦宜摹仿古人间架。《诗经》造句之法，无一句无所本。《左传》之文，多现成句调。扬子云为汉代文宗，而其《太玄》摹《易》，《法言》摹《论语》，《方言》摹《尔雅》，《十二箴》摹《虞箴》，《长杨赋》摹《难蜀父老》，《解嘲》摹《客难》，《甘泉赋》摹《大人赋》，《剧秦美新》摹《封禅文》，《谏不许单于朝书》摹《国策》"信陵君谏伐韩"，几于无篇不摹。即韩、欧、曾、苏诸巨公之文，亦皆有所摹拟，以成体段。尔以后作文、作诗赋，均宜心有摹仿，而后间架可立，其收效较速，其取径较便。前信教尔暂不必看《经义述闻》，今尔此信言业看三本，如看得有些滋味，即一直看下去。不为或作或辍，亦是好事。惟《周礼》《仪礼》《大戴礼》《公》《穀》《尔雅》《国语》《太岁考》等卷，尔向来未读过正文者，则王氏《述闻》亦暂可不观也。

尔思来营省觐，甚好，余亦思尔来一见。婚期既定五月二十六日，三四月间自不能来，或七月晋省乡试，八月底来营省觐亦可。身体虽弱，处多难之世，若能风霜磨炼、苦心劳神，亦自足坚筋骨而长识见。沅甫叔向最羸弱，近日从军，反得壮健，亦其证也。赠伍嵩生之君臣画像乃俗本，不可为典要。奏折稿当抄一目录付归。余详诸叔信中。

咸丰九年三月初三日，清明

023. 谕纪泽

字谕纪泽儿:

二十二日接尔禀并《书谱叙》,以示李少荃、次青、许仙屏诸公,皆极赞美。云尔钩联顿挫,纯用孙过庭草法,而间架纯用赵法,柔中寓刚,绵里藏针,动合自然等语。余听之亦欣慰也。

赵文敏集古今之大成,于初唐四家内师虞永兴,而参以钟绍京,因此以上窥二王,下法山谷,此一径也;于中唐师李北海,而参以颜鲁公、徐季海之沉着,此一径也;于晚唐师苏灵芝,此又一径也。由虞永兴以溯二王及晋六朝诸贤,世所称南派者也;由李北海以溯欧、褚及魏北齐诸贤,世所称北派者也。尔欲学书,须窥寻此两派之所以分。南派以神韵胜,北派以魄力胜。宋四家,苏、黄近于南派,米、蔡近于北派。赵子昂欲合二派而汇为一。尔从赵法入门,将来或趋南派,或趋北派,皆可不迷于所往。

我先大夫竹亭公,少学赵书,秀骨天成。我兄弟五人,于字皆下苦功,沅叔天分尤高。尔若能光大先业,甚望甚望!

制艺一道,亦须认真用功。邓瀛师,名手也。尔作文,在家有邓师批改,付营有李次青批改,此极难得,千万莫错过了。付回赵书《楚国夫人碑》,可分送三先生(汪、易、葛)、二外甥及尔诸堂兄弟。又,旧宣纸手卷、新宣纸横幅,尔可学《书谱》,请徐柳臣一看。此嘱。

父涤生手谕

咸丰九年三月二十三日

024. 谕纪泽

日内腹泻，思家中盐姜，可带少许来，不要太干者，以润为妙，老屋包些亦好。前有一信，要带《史记》殿校初印者来营，亦屡次禀信中皆未提及。余每次写家信时，必将诸叔父信及尔来信，撮其应答之事开一小单，又将营中应说之事亦列单内，免致临时忘却，有问无答。尔可学之。

此谕纪泽。

涤生手示
咸丰九年四月初四日

025. 谕纪泽

字谕纪泽：

前次于诸叔父信中，复示尔所问各书帖之目。乡间苦于无书，然尔生今日，吾家之书，业已百倍于道光中年矣。买书不可不多，而看书不可不知所择。以韩退之为千古大儒，而自述其所服膺之书，不过数种：曰《易》，曰《书》，曰《诗》，曰《春秋左传》，曰《庄子》，曰《离骚》，曰《史记》，曰相如、子云。柳子厚自述其所得，正者：曰《易》、曰《书》、曰《诗》、曰《礼》、曰《春秋》；旁者：曰《穀梁》、曰《孟》《荀》、曰《庄》《老》、曰《国语》、曰《离骚》、曰《史记》。二公所读之书，皆不甚多。

本朝善读古书者，余最好高邮王氏父子，曾为尔屡言之矣。今观怀祖先生《读书杂志》中所考订之书：曰《逸周书》、曰《战国策》、曰《史记》、曰《汉书》、曰《管子》、曰《晏子》、曰《墨子》、曰《荀子》、曰《淮南子》、曰《后汉书》、曰《老》《庄》、曰《吕氏春秋》、曰《韩非子》、曰《杨子》、曰《楚辞》、曰《文选》，凡十六种。又别著《广雅疏证》一种、伯申先生《经义述闻》中所考订之书：曰《易》、曰《书》、曰《诗》、曰《周官》、曰《仪礼》、曰《大戴礼》、曰《礼记》、曰《左传》、曰《国语》、曰《公羊》、曰《穀梁》、曰《尔雅》，凡十二种。王氏父子之博，古今所罕，然亦不满三十种也。

余于"四书""五经"之外，最好《史记》、《汉书》、《庄子》、韩文四种，好之十余年，惜不能熟读精考。又好《通鉴》、《文选》及姚惜抱所选

《古文辞类纂》、余所选《十八家诗钞》四种，共不过十余种。早岁笃志为学，恒思将此十余书贯串精通，略作札记，仿顾亭林、王怀祖之法。今年齿衰老，时事日艰，所志不克成就，中夜思之，每用愧悔。泽儿若能成吾之志，将"四书"、"五经"及余所好之八种一一熟读而深思之，略作札记，以志所得，以著所疑，则余欣欣快慰，夜得甘寝，此外别无所求矣。至王氏父子所考订之书二十八种，凡家中所无者，尔可开一单来，余当一一购得寄回。

学问之途，自汉至唐，风气略同；自宋至明，风气略同；国朝又自成一种风气，其尤著者，不过顾、阎（百诗）、戴（东原）、江（慎修）、钱（辛楣）、秦（味经）、段（懋堂）、王（怀祖）数人，而风会所扇，群彦云兴。尔有志读书，不必别标汉学之名目，而不可不一窥数君子之门径。凡有所见所闻，随时禀知，余随时谕答，较之当面问答，更易长进也。

咸丰九年四月二十一日

026. 谕纪泽

字谕纪泽儿：

余送叔父母生日礼目，鱼翅二斤太大，不好带，改送洋带一根。此带颇奇，可松可紧，可大可小，大而星冈公之腹可用也，小而鼎二、三之腰亦可用也。此二根皆送轩叔，春罗送叔母。

尔作时文，宜先讲词藻，欲求词藻富丽，不可不分类抄撮体面话头。近世文人，如袁简斋、赵瓯北、吴谷人，皆有手抄词藻小本，此众人所共知者。阮文达公为学政时，搜出生童夹带，必自加细阅。如系亲手所抄，略有条理者，即予进学；如系请人所抄，概录陈文者，照例罪斥。阮公一代闳儒，则知文人不可无手抄夹带小本矣。昌黎之记事提要、纂言钩玄，亦系分类手抄小册也。尔去年乡试之文，太无词藻，几不能敷衍成篇。此时下手工夫，以分类手抄词藻为第一义。

尔此次复信，即将所分之类开列目录，附禀寄来。分大纲子目，如伦纪类为大纲，则君臣、父子、兄弟为子目；王道类为大纲，则井田、学校为子目。此外各门可以类推。尔曾看过《说文》《经义述闻》，二书中可抄者多。此外如江慎修之《类腋》及《子史精华》、《渊鉴类函》，则可抄者尤多矣，尔试为之。此科名之要道，亦即学问之捷径也。此谕。

父涤生字

咸丰九年五月初四日

027. 谕纪泽

字谕纪泽儿：

初四夜接尔二十六号禀。所刻《心经》微有《西安圣教》笔意，总要养得胸次博大活泼，此后当更有长进也。

尔去年看《诗经》，注疏已毕否？若未毕，自当补看，不可无恒耳。讲《通鉴》，即以我过笔者讲之。亦可将来另购一部，尔照我之样过笔一次可也。

冯树堂师诗草曾寄营矣。尔复信言十二年进京，程资不敢领。新写"闳深肃穆"四扁字，拓一分付回。余不多及。

再，同县拔贡生傅泽鸿寄朱卷数十本来营，兹付去程仪三十两，尔可觅便寄傅家，或专人送去。又示。

父涤生字

咸丰九年五月初四日

028. 谕纪泽

字谕纪泽儿：

　　今日右目红，不能多作字，付出关帝庙"轶掌绝伦"四字查收。又"白泥观"三字，仿思云馆之例，做匾送观中。余不多嘱。

涤生手示

咸丰九年五月十四日

029. 谕纪泽

字谕纪泽儿：

接尔二十九、三十号两禀，得悉《书经》注疏看《商书》已毕。《书经》注疏颇庸陋，不如《诗经》之该博。我朝儒者，如阎百诗、姚姬传诸公皆辨别古文《尚书》之伪。孔安国之传，亦伪作也。盖秦燔书后，汉代伏生所传，欧阳及大小夏侯所习，皆仅二十八篇，所谓今文《尚书》者也。厥后孔安国家有古文《尚书》，多十余篇，遭巫蛊之事，未得立于学官，不传于世。厥后张霸有《尚书》百两篇，亦不传于世。后汉贾逵、马、郑作古文《尚书》注解，亦不传于世。至东晋梅赜始献古文《尚书》并孔安国传，自六朝唐宋以来承之，即今通行之本也。自吴才老及朱子、梅鼎祚、归震川，皆疑其为伪。至阎百诗遂专著一书以痛辨之，名曰《疏证》。自是辨之者数十家，人人皆称伪古文、伪孔氏也。《日知录》中略著其原委。王西庄、孙渊如、江艮庭三家皆详言之（《皇清经解》中皆有江书，不足观）。此亦"六经"中一大案，不可不知也。

尔读书记性平常，此不足虑。所虑者第一怕无恒，第二怕随笔点过一遍，并未看得明白。此却是大病。若实看明白了，久之必得些滋味，寸心若有怡悦之境，则自略记得矣。尔不必求记，却宜求个明白。

邓先生讲书，仍请讲《周易折中》。余圈过之《通鉴》，暂不必讲，恐污坏耳。尔每日起得早否？并问。此谕。

涤生手示

咸丰九年六月十四日

030. 谕纪泽

字谕纪泽儿：

　　正月间曾以《欧阳生文集序》寄晓岑，久无复信，不知寄到否？便中一查。又去年托小岑买得刘石庵小横幅，已取回否？此幅极佳，余笃好之，曾交银十两，尔取回为要。

　　余往年作《原才》一篇，去岁于尔案间见之，尔可抄一稿寄营。又，甲辰年作《五箴》及《祭汤海秋文》，尔见稿否？亦可抄来也。近思将历年所作古文清一稿本，虽无佳者，亦不忍听其零落耳。日内当写一目录至各处查出也。

涤生示

咸丰九年六月十九日

031. 谕纪泽

字谕纪泽儿：

　　尔前寄所临《书谱》一卷，余比送徐柳臣先生处，请其批评。初七日接渠回信，兹寄尔一阅。十三日晤柳臣先生，渠盛称尔草字可以入古，又送尔扇一柄，兹寄回。刘世兄送《西安圣教》，兹与手卷并寄回，查收。

　　尔前用油纸摹字，若常常为之，间架必大进。欧、虞、颜、柳四大家是诗家之李、杜、韩、苏，天地之日星江河也。尔有志学书，须窥寻四人门径。至嘱至嘱！

涤生手示

咸丰九年七月十四日

032. 谕纪泽

字谕纪泽儿:

　　接尔七月十三、二十七日两禀,并赋一篇,尚有气势,兹批出发还(尚未批,下次再发)。凡作文,末数句要吉祥;凡作字,墨色要光润。此先大夫竹亭公常以教余与诸叔父者。尔谨记之,无忘祖训。尔问各条,分列示知。

　　尔问《五箴》末句"敢告马走"。凡箴以《虞箴》为最古(《左传·襄公》),其末曰"兽臣司原,敢告仆夫",意以兽臣有司郊原之责,吾不敢直告之,但告其仆耳。扬子云仿之作《州箴》。冀州曰:牧臣司冀,敢告在阶。扬州曰:牧臣司扬,敢告执筹。荆州曰:牧臣司荆,敢告执御。青州曰:牧臣司青,敢告执矩。徐州曰:牧臣司徐,敢告仆夫。余之"敢告马走",即此类也。走,犹仆也(见司马迁《任安书》注、班固《宾戏》注)。朱子作《敬箴》,曰"敢告灵台",则非仆御之类,于古人微有歧误矣。凡箴以官箴为本,如韩公《五箴》、程子《四箴》、朱子各箴、范浚《心箴》之属,皆失本义。余亦相沿失之。

　　尔问看注疏之法,"《书经》文义奥衍,注疏勉强牵合"二语甚有所见。《左》疏浅近,亦颇不免。国朝如王西庄(鸣盛)、孙渊如(星衍)、江艮庭(声)皆注《尚书》,顾亭林(炎武)、惠定宇(栋)、王伯申(引之)皆注《左传》,皆刻《皇清经解》中。《书经》则孙注较胜,王、江不甚足取。《左传》则顾、惠、王三家俱精。王亦有《书经述闻》,尔曾看过一次矣。大抵《十三经注疏》以三《礼》为最善,《诗》疏次之。此外皆有醇有驳。尔既已看动数经，即须立志全看一过，以期作事有恒，不可半途而废。

尔问作字换笔之法，凡转折之处，如冂刁乚乚之类，必须换笔，不待言矣。至并无转折形迹，亦须换笔者，如以一横言之，须有三换笔〰〰（末向上挑，所谓磔也；中折而下行，所谓波也；右向上行，所谓勒也；初入手，所谓直来横受也）。以一直言之，须有两换笔彡（首横入，所谓横来直受也；上向左行，至中腹换而右行，所谓努也）。捺与横相似，特末笔磔处更显耳〰〰（磔波直入）。撇与直相似，特末笔更撇向外耳彡（停掠横入）。凡换笔，皆以小圈识之，可以类推。凡用笔，须略带欹斜之势，如本斜向左，一换笔则向右矣；本斜向右，一换则向左矣。举一反三，尔自悟取可也。

李春醴处，余拟送之八十金。若家中未先送，可寄信来。凡家中亲友有庆吊事，皆可寄信由营致情也。

涤生手示

咸丰九年八月十二日，黄州

033. 谕纪泽

字谕纪泽儿：

　　尔外祖母于九月十八日寿辰，兹寄去银叁拾两，家中配水礼送去。以后凡亲族中有红白喜事，我应送礼者，尔写信禀知。其丰俭多少大约之数，尔禀四叔及尔母酌量写来可也。此次寄丸药二瓶，一送叔祖，一寄尔母。服之相安否，尔下次禀知。

涤生示

咸丰九年九月初七日

034. 谕纪泽

字谕纪泽：

　　二十一日得家书，知尔至长沙一次，何不寄安禀来营？婚期改九月十六，余甚喜慰。余老境侵寻，颇思将儿女婚嫁早早料理。袁漱六亲家患喀血疾，昨专人走松江看视，若得复元，吾即思明春办大女儿嫁事。袁铁庵来我家时，尔禀问母亲，可以吾意商之。

　　京中书到时，有胡刻《通鉴》一部，留家中讲解，即将吾圈过一部寄来营可也。又汲古阁初印《五代史》一部，亦寄来。皮衣等件，速速寄来。吾买帖数十部，下次寄尔。此谕。

咸丰九年九月二十四日

035. 谕纪泽

字谕纪泽儿：

接尔十九、二十九日两禀，知喜事完毕，新妇能得尔母之欢，是即家庭之福。

我朝列圣相承，总是寅正即起，至今二百年不改。我家高、曾、祖、考相传早起，吾得见竟希公、星冈公皆未明即起，冬寒起坐约一个时辰，始见天亮。吾父竹亭公亦甫黎明即起，有事则不待黎明，每夜必起看一二次不等，此尔所及见者也。余近亦黎明即起，思有以绍先人之家风。尔既冠授室，当以早起为第一先务。自力行之，亦率新妇力行之。

余生平坐无恒之弊，万事无成。德无成，业无成，已可深耻矣。逮办理军事，自矢靡他，中间本志变化，尤无恒之大者，用为内耻。尔欲稍有成就，须从有恒二字下手。

余尝细观星冈公仪表绝人，全在一重字。余行路容止亦颇重厚，盖取法于星冈公。尔之容止甚轻，是一大弊病，以后宜时时留心。无论行坐，均须重厚。早起也，有恒也，重也，三者皆尔最要之务。早起是先人之家法，无恒是吾身之大耻，不重是尔身之短处，故特谆谆戒之。

吾前一信答尔所问者三条，一字中换笔，一"敢告马走"，一注疏得失，言之颇详，尔来禀何以并未提及？以后凡接我教尔之言，宜条条禀复，不可疏略。此外教尔之事，则详于寄寅皆先生看、读、写、作一缄中矣。此谕。

咸丰九年十月十四日

036. 谕纪泽

字谕纪泽儿：

　　接尔元夕禀，知叔父大人病极沉重。余未在家，尔宜常至白玉堂服侍汤药，勤、敬二字断不可忽。若在老宅而有倦色、有肆容，则与不去无异。余往年在外多愧悔之端，近两年补救不少。至在家亦有可愧悔者，儿为我补救可也。

　　澄叔分居上腰里，应用粗细家皿须由下腰里分去。尔禀母亲雇工陆续送去。尔至长沙看贺岳母，须待叔祖病减乃去，禀商澄、沅两叔父遵行。

涤生手示
咸丰十年二月初四日

037. 谕纪泽

字谕纪泽儿：

二十日接二月二日来禀并祭文稿。文尚条畅，惟意义太少。叔祖之德全未称道，亦非体制，词藻亦太寒俭。尔现看《文选》，宜略抄典故藻汇，分类抄记，以为馈贫之粮。《文选》前数本系汉人之赋，极难领会，后半则易看矣。余所见友朋中，无能知汉赋之意味者。尔不能记忆，亦由于不知其意味。此刻不必求记，将来若能识得意味，自可渐记一二。余向来记性极坏，近老年反略好些，由于识得意味也。时文亦不必苦心孤诣去作，但常常作文。心常用则活，不用则窒；常用则细，不用则粗。

江忠烈之太夫人，余将寄银一百、幛一悬，写兄弟四人名，家中不必另致情。江太夫人大事，岷樵曾赙银二百，余收一百。先大夫大事，达川曾赙银五十，余收二十也。

余前允尔来营省觐。兹因陈作梅来吾乡看地，须尔在家中陪款，恐作梅先生未到湘时，沅叔业已先出，尔须等候作梅先生，在家住二十余日，再送陈至省展谒贺岳母，小住即仍归去。闻儿妇或有梦熊之喜，尔于下半年再请来营省觐可也。此嘱。

涤生手示

咸丰十年二月二十四日

038. 谕纪泽

字谕纪泽儿：

家中有王刻十子一部，便中寄来，或交沅叔带来，或交长夫带均可。尔在长沙，何以不发信交郭意叔发官封也？

涤生手示
咸丰十年三月十九日

039. 谕纪泽

字谕纪泽：

初一日接尔十六日禀，澄叔已移寓新居，则黄金堂老宅，尔为一家之主矣。昔吾祖星冈公最讲求治家之法，第一起早，第二打扫洁净，第三诚修祭祀，第四善待亲族邻里。凡亲族邻里来家，无不恭敬款接，有急必周济之，有讼必排解之，有喜必庆贺之，有疾必问，有丧必吊。此四事之外，于读书、种菜等事尤为刻刻留心。故余近写家信，常常提及书、蔬、鱼、猪四端者，盖祖父相传之家法也。尔现读书无暇，此八事，纵不能一一亲自经理，而不可不识得此意，请朱运四先生细心经理，八者缺一不可。其诚修祭祀一端，则必须尔母随时留心。凡器皿第一等好者留作祭祀之用，饮食第一等好者亦备祭祀之需。凡人家不讲究祭祀，纵然兴旺，亦不久长。至要至要。

尔所论看《文选》之法不为无见。吾观汉魏文人，有二端最不可及：一曰训诂精确，二曰声调铿锵。《说文》训诂之学，自中唐以后人多不讲，宋以后说经尤不明故训，及至我朝巨儒始通小学。段茂堂、王怀祖两家，遂精研乎古人文字声音之本，乃知《文选》中古赋所用之字，无不典雅精当。尔若能熟读段、王两家之书，则知眼前常见之字，凡唐宋文人误用者，惟《六经》不误，《文选》中汉赋亦不误也。即以尔禀中所论《三都赋》言之，如"蔚若相如，皭若君平"，以一蔚字该括相如之文章，以一皭字该括君平之道德，此虽不尽关乎训诂，亦足见其下字之不苟矣。至声调之铿锵，如"开高轩以临山，列绮窗而瞰江"，"碧出苌宏之血，

56

鸟生杜宇之魄","洗兵海岛，刷马江洲","数军实乎桂林之苑，飨戎旅乎落星之楼"等句，音响节奏，皆后世所不能及。尔看《文选》，能从此二者用心，则渐有入理处矣。

作梅先生想已到家，尔宜恭敬款接。沅叔既已来营，则无人陪往益阳，闻胡宅专人至吾乡迎接，即请作梅独去可也。尔舅父牧云先生身体不甚耐劳，即请其无庸来营。吾此次无信，尔先致吾意，下次再行寄信。此嘱。

咸丰十年闰三月初四日

040. 谕纪泽

字谕纪泽儿：

二十七日刘得四到，接尔禀。所谓论《文选》俱有所得，问小学亦有条理，甚以为慰。

沅叔于二十七到宿松。初三日由宿至集贤关，将尔禀带去矣。余不能悉记，但记尔问穜、种二字。此字段茂堂辨论甚晰。穜为艺也（犹吾乡言栽也、点也、播也）。种为后熟之禾，《诗》之"黍稷重穋"（《七月》《閟宫》），《说文》作"种稑"。种，正字也。重，假借字也。穋与稑，异同字也。隶书以穜、种二字互易，今人于耕穜，概用种字矣。吾于训诂、词章二端颇尝尽心。尔看书若能通训诂，则于古人之故训大义、引伸假借渐渐开悟，而后人承讹袭误之习可改。若能通词章，则于古人之文格文气、开合转折渐渐开悟，而后人硬腔滑调之习可改，是余之所厚望也。嗣后尔每月作三课，一赋、一古文、一时文，皆交长夫带至营中，每月恰有三次长夫接家信也。

吾于尔有不放心者二事：一则举止不甚重厚，二则文气不甚圆适。以后举止留心一重字，行文留心一圆字。至嘱。

涤生手示

咸丰十年四月初四日

041. 谕纪泽

字谕纪泽儿：

十六日接尔初二日禀并赋二篇，近日大有长进，慰甚。

无论古今何等文人，其下笔造句，总以"珠圆玉润"四字为主。无论古今何等书家，其落笔结体，亦以"珠圆玉润"四字为主。故吾前示尔书，专以一重字救尔之短，一圆字望尔之成也。世人论文家之语圆而藻丽者，莫如徐（陵）、庾（信），而不知江（淹）、鲍（照）则更圆，进之沈（约）、任（昉）则亦圆，进之潘（岳）、陆（机）则亦圆，又进而溯之东汉之班（固）、张（衡）、崔（骃）、蔡（邕）则亦圆，又进而溯之西汉之贾（谊）、晁（错）、匡（衡）、刘（向）则亦圆。至于马迁、相如、子云三人，可谓力趋险奥，不求圆适矣；而细读之，亦未始不圆。至于昌黎，其志意直欲陵驾子长、卿、云三人，戛戛独造，力避圆熟矣，而久读之，实无一字不圆，无一句不圆。尔于古人之文，若能从江、鲍、徐、庾四人之圆步步上溯，直窥卿、云、马、韩四人之圆，则无不可读之古文矣，即无不可通之经史矣。尔其勉之。余于古人之文，用功甚深，惜未能一一达之腕下，每歉然不怡耳。

江浙贼势大乱，江西不久亦当震动，两湖亦难安枕。余寸心坦坦荡荡，毫无疑怖。尔禀告尔母，尽可放心。人谁不死，只求临终心无愧悔耳。家中暂不必添起杂屋，总以安静不动为妙。

寄回银五十两，为邓先生束脩。四叔四婶四十生日，余先寄燕窝一匣、秋罗一匹，容日续寄寿屏。甲五婚礼，余寄银五十两、袍褂料一付，尔即妥交。赋立为发还。

涤生手示
咸丰十年四月二十四日

042. 谕纪泽

字谕纪泽儿：

余于初四日自建德启行，十一日至祁门县。闻尔于二十八日自长沙开船，计此时可抵湖口矣，特专人往接。尔或由湖口、彭泽小路入祁门境，或由建德循余所经过之路来祁门皆可，但不可走景德镇，以太远也。

牧云舅氏处先行问安。

涤生手示
咸丰十年六月十六日

043. 谕纪泽

字谕纪泽儿：

　　余今日至渔亭，遍走各营，颇劳。闻凯章、作梅明日由此经过，不得不等候一送。因便至齐云山一游，初二日始回祁门也。有廷寄及家信送来，余不必送。此谕。

涤生手草

咸丰十年七月二十九日

044. 谕纪泽、纪鸿

字谕纪泽、纪鸿儿：

泽儿在安庆所发各信及在黄石矶、湖口之信，均已接到。鸿儿所呈拟连珠体寿文，初七日收到。

余以初九日出营至黟县查阅各岭，十四日归营，一切平安。鲍超、张凯章二军，自二十九、初四获胜后未再开仗。杨军门带水陆三千余人至南陵，破贼四十余垒，拔出陈大富一军。此近日最可喜之事。英夷业已就抚，余九月六日请带兵北援一疏，奉旨无庸前往，余得一意办东南之事，家中尽可放心。

泽儿看书天分高，而文笔不甚劲挺，又说话太易，举止太轻，此次在祁门为日过浅，未将一轻字之弊除尽，以后须于说话走路时刻刻留心。鸿儿文笔劲健，可慰可喜。此次连珠文，先生改者若干字？拟体系何人主意？再行详禀告我。银钱、田产最易长骄气逸气，我家中断不可积钱，断不可买田，尔兄弟努力读书，决不怕没饭吃。至嘱。澄叔处此次未写信，尔禀告之。

闻邓世兄读书甚有长进，顷阅贺寿之单帖寿禀，书法清润，兹付银十两，为邓世兄（汪汇）买书之资。此次未写信寄寅阶先生，前有信留明年教书，仍收到矣。

咸丰十年十月十六日

045. 谕纪泽、纪鸿

字谕纪泽、纪鸿儿：

十月二十九日接尔母及澄叔信，又棉鞋、瓜子二包，得知家中各宅平安。泽儿在汉口阻风六日，此时当已抵家。"举止要重，发言要讱。"尔终身要牢记此二语，无一刻可忽也。

余日内平安，鲍、张二军亦平安。左军二十二日在贵溪获胜一次，二十九日在德兴小胜一次，然贼数甚众，尚属可虑。普军在建德，贼以大股往扑，只要左、普二军站得住，则处处皆稳矣。

泽儿字天分甚高，但少刚劲之气，须用一番苦工夫，切莫把天分自弃了。家中大小，总以起早为第一义。澄叔处，此次未写信，尔等禀之。

涤生手示

咸丰十年十一月初四日

046. 谕纪泽

字谕纪泽儿：

曾名琮来，接尔十一月二十五日禀，知十五、十七尚有两禀未到。尔体甚弱，咳吐咸痰，吾尤以为虑，然总不宜服药。药能活人，亦能害人。良医则活人者十之七，害人者十之三；庸医则害人者十之七，活人者十之三。余在乡在外，凡目所见者，皆庸医也。余深恐其害人，故近三年来，决计不服医生所开之方药，亦不令尔服乡医所开之方药。见理极明，故言之极切，尔其敬听而遵行之。每日饭后走数千步，是养生家第一秘诀。尔每餐食毕，可至唐家铺一行，或至澄叔家一行，归来大约可三千余步。三个月后，必有大效矣。

尔看完《后汉书》，须将《通鉴》看一遍。即将京中带回之《通鉴》，仿照余法，用笔点过可也。尔走路近略重否？说话略钝否？千万留心。此谕。

涤生手示
咸丰十年十二月二十四日

047.谕纪泽

字谕纪泽儿：

腊月二十九日接尔一禀，系十一月十四日送家信之人带回，又由沅叔处送到尔初归时二信，慰悉。尔以十四日到家，而鸿儿十八日禀中言尔总在日内可到，何也？岂鸿信十三四写就而朱金权于十八日始署封面耶？霞仙先生之令弟仙逝，余于近日当写唁信，并寄奠仪。尔当先去吊唁。

尔问文中雄奇之道。雄奇以行气为上，造句次之，选字又次之。然未有字不古雅而句能古雅，句不古雅而气能古雅者；亦未有字不雄奇而句能雄奇，句不雄奇而气能雄奇者。是文章之雄奇，其精处在行气，其粗处全在造句选字也。余好古人雄奇之文，以昌黎为第一，扬子云次之。二公之行气，本之天授。至于人事之精能，昌黎则造句之工夫居多，子云则选字之工夫居多。

尔问叙事志传之文难于行气，是殊不然。如昌黎《曹成王碑》《韩许公碑》，固属千奇万变，不可方物，即卢夫人之铭、女挐之志，寥寥短篇，亦复雄奇崛强。尔试将此四篇熟看，则知二大二小，各极其妙矣。

尔所作《雪赋》，词意颇古雅，惟气势不鬯，对仗不工。两汉不尚对仗，潘、陆则对矣，江、鲍、庾、徐则工对矣。尔宜从对仗上用工夫。此嘱。

涤生手示
咸丰十一年正月初四日

048. 谕纪泽

字谕纪泽儿：

正月初十日接尔腊月十九日一禀，十二日又由安庆寄到尔腊月初四日之禀，具知一切。长夫走路太慢，而托辞于为营中他信绕道长沙耽搁之故。此不足信。譬如家中遣人送信至白玉堂，不能按期往返，有责之者，则曰被杉木坝、周家老屋各佃户强我送担耽搁了。为家主者但当严责送信之迟，不管送担之真与否也；况并无佃户强令送担乎？营中送信至家与黄金堂送信至白玉堂，远近虽殊，其情一也。

尔求抄古文目录，下次即行寄归。尔写字笔力太弱，以后即常摹柳帖亦好。家中有柳书《玄秘塔》《琅琊碑》《西平碑》各种，尔可取《琅琊碑》日临百字、摹百字。临以求其神气，摹以仿其间架。每次家信内，各附数纸送阅。

《左传注疏》阅毕，即阅看《通鉴》。将京中带回之《通鉴》，仿我手校本，将目录写于面上。其去秋在营带去之手校本，便中仍当寄送祁门。余常思翻阅也。

尔言鸿儿为邓师所赏，余甚欣慰。鸿儿现阅《通鉴》，尔亦可时时教之。尔看书天分甚高，作字天分甚高，作诗文天分略低，若在十五六岁时教导得法，亦当不止于此。今年已二十三岁，全靠尔自己扎挣发愤，父兄师长不能为力。作诗文是尔之所短，即宜从短处痛下工夫。看书写字尔之所长，即宜拓而充之。走路宜重，说话宜迟，常常记忆否?

　　余身体平安，告尔母放心。

涤生手示

咸丰十一年正月十四日

049. 谕纪泽

字谕纪泽儿：

正月十四发第二号家信，谅已收到。日内祁门尚属平安。鲍春霆自初九日在洋塘获胜后，即追贼至彭泽。官军驻牯牛岭，贼匪踞下隅坂，与之相持，尚未开仗。日内雨雪泥泞，寒风凛冽，气象殊不适人意。伪忠王李秀成一股，正月初五日围玉山县，初八日围广丰县，初十日围广信府，均经官军竭力坚守，解围以去，现窜铅山之吴坊、陈坊等处。或由金溪以窜抚、建，或径由东乡以扑江西省城，皆意中之事。余嘱刘养素等坚守抚、建，而省城亦预筹防守事宜。只要李逆一股不甚扰江西腹地，黄逆一股不再犯景德镇等，三四月间，安庆克复，江北可分兵来助南岸，则大局必有转机矣。目下春季必尚有危险迭见，余当谨慎图之，泰然处之。

余身体平安，惟齿痛时发。所选古文，已抄目录寄归。其中有未注明名氏者，尔可查出补注，大约不出《百三名家全集》及《文选》、《古文辞类纂》三书之外。尔问《左传》解《诗》《书》《易》与今解不合。古人解经，有内传，有外传。内传者，本义也；外传者，旁推曲衍，以尽其余义也。孔子系《易》，小象则本义为多，大象则余义为多。孟子说《诗》，亦本子贡之因贫富而悟切磋，子夏之因素绚而悟礼后，亦证余义处为多。《韩诗外传》，尽余义也。《左传》说经，亦以余义立言者多。

袁犬生之二百金，余去年曾借松江二百金送季仙九先生，此项只算还袁宅可也。树堂先生送尔三百金，余当面言只受百金。尔写信寄营酬谢，言受一璧二云云。余在营中备二百金，并尔信函交冯可也。此字并送澄叔一阅，此次不另作书矣。

涤生手示

咸丰十一年正月二十四日

050. 谕纪泽、纪鸿

字谕纪泽、纪鸿儿:

得正月二十四日信,知家中平安。此间军事,自去冬十一月至今危险异常,幸皆化险为夷。目下惟左军在景德镇一带十分可危,余俱平安。余将以十七日移驻东流、建德。

付回银八两,为我买好茶叶陆续寄来。下手竹茂盛,屋后山内仍须栽竹,复吾父在日之旧观。余七年在家芟伐各竹,以倒厅不光明也。乃芟后而黑暗如故,至今悔之,故嘱尔重栽之。劳字、谦字,常常记得否?

涤生手示

咸丰十一年二月十四日

051. 谕纪泽、纪鸿

字谕纪泽、纪鸿儿：

接二月二十三日信，知家中五宅平安，甚慰甚慰。

余以初三日至休宁县，即闻景德镇失守之信。初四日写家书，托九叔处寄湘，即言此间局势危急，恐难支持，然犹意力攻徽州，或可得手，即是一条生路。初五日进攻，强中、湘前等营在西门挫败一次。十二日再行进攻，未能诱贼出仗。是夜二更，贼匪偷营劫村，强中、湘前等营大溃。凡去二十二营，其挫败者八营（强中三营、老湘三营、湘前一、震字一），其幸而完全无恙者十四营（老湘六、霆三、礼二、亲兵一、峰二），与咸丰四年十二月十二夜贼偷湖口水营情形相仿。此次未挫之营较多，以寻常兵事言之，此尚为小挫，不甚伤元气。目下值局势万紧之际，四面梗塞，接济已断，加此一挫，军心尤大震动。所盼望者，左军能破景德镇、乐平之贼，鲍军能从湖口迅速来援，事或略有转机，否则不堪设想矣。

余自从军以来，即怀见危授命之志。丁、戊年在家抱病，常恐溘逝牖下，渝我初志，失信于世。起复再出，意尤坚定。此次若遂不测，毫无牵恋。自念贫窭无知，官至一品，寿逾五十，薄有浮名，兼秉兵权，忝窃万分，夫复何憾！惟古文与诗，二者用力颇深，探索颇苦，而未能介然用之，独辟康庄。古文尤确有依据，若遽先朝露，则寸心所得，遂成广陵之散。作字用功最浅，而近年亦略有入处。三者一无所成，不无耿耿。至行军本非余所长，兵贵奇而余太平，兵贵诈而

72

余太直，岂能办此滔天之贼？即前此屡有克捷，已为侥幸，出于非望矣。尔等长大之后，切不可涉历兵间，此事难于见功，易于造孽，尤易于诒万世口实。余久处行间，日日如坐针毡，所差不负吾心、不负所学者，未尝须臾忘爱民之意耳。近来阅历愈多，深谙督师之苦。尔曹惟当一意读书，不可从军，亦不必作官。

吾教子弟不离八本、三致祥。八者曰：读古书以训诂为本，作诗文以声调为本，养亲以得欢心为本，养生以少恼怒为本，立身以不妄语为本，治家以不晏起为本，居官以不要钱为本，行军以不扰民为本。三者曰：孝致祥，勤致祥，恕致祥。吾父竹亭公之教人，则专重孝字。其少壮敬亲，暮年爱亲，出于至诚，故吾纂墓志，仅叙一事。吾祖星冈公之教人，则有八字，三不信。八者曰：考、宝、早、扫、书、蔬、鱼、猪。三者，曰僧巫，曰地仙，曰医药，皆不信也。处兹乱世，银钱愈少，则愈可免祸；用度愈省，则愈可养福。尔兄弟奉母，除劳字、俭字之外，别无安身之法。吾当军事极危，辄将此二字叮嘱一遍，此外亦别无遗训之语，尔可禀告诸叔及尔母，无忘。

咸丰十一年三月十三日

052. 谕纪泽

字谕纪泽儿：

　　三月三十日建德途次接澄侯弟在永丰所发一信，并尔将去省时在家所留之禀。尔到省后所寄一禀，却于二十八日先到也。

　　余于二十六日自祁门拔营起行，初一日至东流县。鲍军七千余人于二十五日自景德镇起行，三十日至下隅坂。因风雨阻滞，初三日始渡江，即日进援安庆，大约初八九可到。沅弟、季弟在安庆稳守十余日，极为平安。朱云岩带五百人，二十四日自祁门起行，初二日已至安庆助守营濠，家中尽可放心。此次贼救安庆，取势乃在千里以外，如湖北则破黄州，破德安，破孝感，破随州、云梦、黄梅、蕲州等属，江西则破吉安，破瑞州、吉水、新淦、永丰等属，皆所以分兵力，亟肆以疲我，多方以误我。贼之善于用兵，似较昔年更狡更悍。吾但求力破安庆一关，此外皆不遽与之争得失。转旋之机，只在一二月可决耳。

　　乡间早起之家，蔬菜茂盛之家，类多兴旺。晏起无蔬之家，类多衰弱。尔可于省城菜园中，用重价雇人至家种蔬，或二人亦可。其价若干，余由营中寄回。此嘱。

涤生手示

咸丰十一年四月初四日，东流县

053. 谕纪泽

字谕纪泽：

六月二十日唐介科回营，接尔初三日禀并澄叔一函，具悉一切。

今年彗星出于北斗与紫微垣之间，渐渐南移，不数日而退出右辅与摇光之外，并未贯紫微垣，亦未犯天市也。占验之说，本不足信，即有不祥，或亦不大为害。

省雇园丁来家，宜废田一二丘，用为菜园。吾现在营课勇夫种菜，每块土约三丈长，五尺宽，窄者四尺余宽，务使芸草及摘蔬之时，人足行两边沟内，不践菜土之内。沟宽一尺六寸，足容便桶。大小横直，有沟有浍，下雨则水有所归，不使积潦伤菜。四川菜园极大，沟浍终岁引水长流，颇得古人井田遗法。吾乡一家园土有限，断无横沟，而直沟则不可少。吾乡老农虽不甚精，犹颇认真，老圃则全不讲究。我家开此风气，将来荒山旷土，尽可开垦，种百谷杂蔬之类。如种茶亦获利极大，吾乡无人试行，吾家若有山地，可试种之。

尔前问《说文》中逸字，今将贵州郑子尹所著二卷寄尔一阅。渠所补一百六十五文，皆许书本有之字，而后世脱失者也。其子知同，又附考三百字，则许书本无之字，而他书引《说文》有之，知同辨为不当有者也。尔将郑氏父子书细阅一遍，则知叔重原有之字，被传写逸脱者，实已不少。

纪渠侄近写篆字甚有笔力，可喜可慰。兹圈出付回。尔须教之认熟篆文，并解明偏旁本意。渠侄、湘侄要大字横幅，余即日当写就付归。

寿侄亦当付一匾也。家中有李少温篆帖《三坟记》《栖先茔记》，亦可寻出，呈澄叔一阅。澄弟作篆字，间架太散，以无帖意故也。邓石如先生所写篆字《西铭》《弟子职》之类，永州杨太守新刻一套，尔可求郭意城姻叔拓一二分，俾家中写篆者有所摹仿。家中有褚书《西安圣教》《同州圣教》，尔可寻出寄营，《王圣教》亦寄来一阅。如无裱者，则不必寄也。《汉魏六朝百三家集》，京中一分，江西一分，想俱在家，可寄一部来营。

余疮疾略好，而癣大作，手不停爬，幸饮食如常。安庆军事甚好，大约可克复矣。此次未写信与澄叔，尔将此呈阅，并问澄弟近好。

咸丰十一年六月二十四日

054. 谕纪泽

字谕纪泽：

前接来禀，知尔抄《说文》，阅《通鉴》，均尚有恒，能耐久坐，至以为慰。去年在营，余教以看、读、写、作，四者阙一不可。尔今阅《通鉴》，算看字工夫；抄《说文》，算读字工夫。尚能临帖否？或临《书谱》，或用油纸摹欧、柳楷书，以药尔柔弱之体，此写字工夫，必不可少者也。尔去年曾将《文选》中零字碎锦分类纂抄，以为属文之材料，今尚照常摘抄否？已卒业否？或分类抄《文选》之词藻，或分类抄《说文》之训诂，尔生平作文太少，即以此代作字工夫，亦不可少者也。尔十余岁至二十岁虚度光阴，及今将看、读、写、作四字逐日无间，尚可有成。尔语言太快，举止太轻，近能力行迟重二字以改救否？

此间军事平安。援贼于十九、二十、二十一日扑安庆后濠，均经击退。二十二日自巳刻起至五更止，猛扑十一次，亦竭力击退。从此当可化险为夷，安庆可望克复矣。余癣疾未愈，每日夜手不停爬，幸无他病。皖南有左、张，江西有鲍，均可放心。目下惟安庆较险，然过二十二之风波，当无虑也。

咸丰十一年七月二十四日

77

055. 谕纪泽

字谕纪泽：

八月二十日胡必达、谢荣凤到，接尔母子及澄叔三信，并《汉魏三百家》《圣教序》三帖。二十二日谭在荣到，又接尔及澄叔二信。具悉一切。

蔡迎五竟死于京口江中，可异可悯！兹将其口粮三两补去外，以银二十两赈恤其家。朱运四先生之母仙逝，兹寄去奠仪银八两。蕙姑娘之女一贞于今冬发嫁，兹付去奁仪十两。家中可分别妥送。大女儿择于十二月初三日发嫁，袁家已送期来否？余向定妆奁之资二百金，兹先寄百金回家，制备衣物，余百金俟下次再寄。其自家至袁家途费暨六十侄女出嫁奁仪，均俟下次再寄也。居家之道，惟崇俭可以长久，处乱世尤以戒奢侈为要义，衣服不宜多制，尤不宜大镶大缘，过于绚烂。尔教导诸妹，敬听父训，自有可久之理。

牧云舅氏书院一席，余已函托寄云中丞，沅叔告假回长沙，当面再一提及，当无不成。余身体平安。二十一日成服哭临，现在三日已毕。疮尚未好，每夜搔痒不止，幸不甚为害。满叔近患疟疾，二十二日全愈矣。此次未写澄叔信，尔将此呈阅。

咸丰十一年八月二十四日

056. 谕纪泽

字谕纪泽：

接尔八月十四日禀并日课一单、分类目录一纸。日课单批明发还。

目录分类，非一言可尽。大抵有一种学问，即有一种分类之法，有一人嗜好，即有一人摘抄之法。若从本原论之，当以《尔雅》为分类之最古者。天之星辰，地之山川，鸟兽草木，皆古圣贤人辨其品汇，命之以名。《书》所称大禹主名山川，《礼》所称黄帝正名百物是也。物必先有名，而后有是字，故必知命名之原，乃知文字之原。舟车、弓矢、俎豆、钟鼓日用之具，皆先王制器以利民用，必先有器而后有是字，故又必知制器之原，乃知文字之原。君臣、上下、礼乐、兵刑、赏罚之法，皆先王立事以经纶天下，或先有事而后有字，或先有字而后有事，故又必知万事之本，而后知文字之原。此三者物最初，器次之，事又次之。三者既具，而后有文词。《尔雅》一书，如释天、释地、释山、释水、释草木、释鸟兽虫鱼，物之属也；释器、释宫、释乐，器之属也；释亲，事之属也；释诂、释训、释言，文词之属也。《尔雅》之分类，惟属事者最略，后世之分类，惟属事者最详。事之中又判为两端焉：曰虚事，曰实事。虚事者，如经之三《礼》，马之八《书》，班之十《志》，及三《通》之区别门类是也。实事者，就史鉴中已往之事迹，分类纂记，如《事文类聚》、《白孔六帖》、《太平御览》及我朝《渊鉴类函》、《子史精华》等书是也。尔所呈之目录，亦是抄摘实事之象，而不如《子史精华》中目录之精当。余在京藏《子史精华》，温叔于二十八年带回，想尚在白玉堂，尔可取出核对，将子目略为减少。后世人事日多，史册日繁，摘类书者，事多而器物少，乃势所必然。尔即可照此抄去，但期与《子史精华》规模相仿，即为善本。其末附古语鄙谚，虽未必无用，而不如径摘抄《说文》训诂，庶与《尔雅》首三篇相近也。余亦思仿《尔雅》之例抄纂类书，以记日知月无忘之效，特患年齿已衰，军务少暇，终不能有所成。或余少引其端，尔将来继成之可耳。

余身体尚好，惟疮久不愈。沅叔已拔营赴庐江、无为州，一切平安。胡宫保仙逝，是东南大不幸事，可伤之至。紫兼毫营中无之。兹付笔二十支、印章一包查收。蓝格本下次再付。澄叔处尚未写信，将此送阅。

咸丰十一年九月初四日

057.谕纪泽

字谕纪泽儿：

　　昨见尔所作《说文》分韵解字凡例，喜尔今年甚有长进，固请莫君指示错处。莫君名友芝，字子偲，号邵亭，贵州辛卯举人，学问淹雅。丁未年在琉璃厂与余相见，心敬其人。七月来营，复得剀谈。其学于考据、词章二者皆有本原，义理亦践修不苟。兹将渠批订尔所作之凡例寄去，余亦批示数处。

　　又寄银百五十两，合前寄之百金，均为大女儿于归之用。以二百金办奁具，以五十金为程仪，家中切不可另筹银钱，过于奢侈。遭此乱世，虽大富大贵亦靠不住，惟勤俭二字可以持久。又寄丸药二小瓶，与尔母服食。尔在家常能早起否？诸弟妹早起否？说话迟钝、行路厚重否？宜时时省记也。

涤生手示

咸丰十一年九月二十四日

058. 谕纪泽

字谕纪泽儿：

接沅叔信，知二女喜期。陈家择于正月二十八日入赘，澄叔欲于乡间另备一屋。余意即在黄金堂成礼，或借曾家坳头行礼，三朝后仍接回黄金堂。想尔母子与诸叔已有定议矣。兹寄回银二百两，为二女奁资。外五十金为酒席之资，俟下次寄回（亦于此次寄矣）。

浙江全省皆失。贼势浩大，迥异往时气象。鲍军在青阳，亦因贼众兵单，未能得手。徽州近又被围。余任大责重，忧闷之至。疮癣并未少减。每当痛痒极苦之时，常思与尔母子相见，因贼氛环逼，不敢遽接家眷。又以罗氏女须嫁，纪鸿须出考，且待明春察看。如贼焰少衰，安庆无虞，则接尔母带纪鸿来此一行，尔夫妻与陈婿在家照料一切。若贼氛日甚，则仍接尔来此一行。明年正二月，再有准信。纪鸿县府各考，均须请邓师亲送。澄叔前言纪鸿至书院读书，则断不可。

前蒙恩赐遗念衣一、冠一、搬指一、表一，兹用黄箱送回（宣宗遗念衣一、玉佩一，亦可藏此箱内），敬谨尊藏。此嘱。

涤生手示

咸丰十一年十二月十四日

059. 谕纪泽

字谕纪泽：

　　正月十三四连接尔十二月十六、二十四两禀，又得澄叔十二月二十二一缄、尔母十六日一缄，备悉一切。

　　尔诗一首阅过发回。尔诗笔远胜于文笔，以后宜常常为之。余久不作诗，而好读诗。每夜分辄取古人名篇高声朗诵，用以自娱。今年亦当间作二三首，与尔曹相和答，仿苏氏父子之例。尔之才思，能古雅而不能雄骏，大约宜作五言，而不宜作七言。余所选十八家诗，凡十厚册，在家中，此次可交来丁带至营中。尔要读古诗，汉魏六朝，取余所选曹、阮、陶、谢、鲍、谢六家，专心读之，必与尔性质相近。至于开拓心胸，扩充气魄，穷极变态，则非唐之李杜韩白、宋金之苏黄陆元八家不足以尽天下古今之奇观。尔之质性，虽与八家者不相近，而要不可不将此八人之集悉心研究一番，实《六经》外之巨制，文字中之尤物也。尔于小学粗有所得，深用为慰。欲读周汉古书，非明于小学无可问津。余于道光末年始好高邮王氏父子之说，从事戎行未能卒业，冀尔竟其绪耳。

　　余身体尚可支持，惟公事太多，每易积压。癣痒迄未甚愈。家中索用银钱甚多，其最要紧者，余必付回。京报在家，不知系报何喜？若节制四省，则余已两次疏辞矣。此等空空体面，岂亦有喜报耶？

　　葛家信一封、扁字四个付回。澄叔处此次未写信，尔将此呈阅。

　　　　　　　　　　　　　　　　　　滌生手示
　　　　　　　　　　　　　　　　　同治元年正月十四日

060. 谕纪泽

字谕纪泽儿：

二月十三日接正月二十三日来禀并澄侯叔一信，知五宅平安。二女正月二十日喜事诸凡顺遂，至以为慰。

此间军事如恒。徽州解围后贼退不远，亦未再来犯。左中丞进攻遂安，以为攻严州、保衢州之计。鲍春霆屯兵青阳，近未开仗。洪叔在三山夹收降卒三千人，编成四营。沅叔初七日至汉口，十五后当可抵皖。李希帅初九日至安庆，三月初赴六安州。多礼堂进攻庐州，贼坚守不出。上海屡次被贼扑犯，洋人助守，尚幸无恙。

余身体平安。今岁间能成寐，为近年所仅见。惟圣眷太隆，责任太重，深以为危，知交有识者亦皆代我危之，只好刻刻谨慎，存一临深履薄之想而已。

今年县考在何时？鸿儿赴考，须请寅师往送。寅师父子一切盘费皆我家供应也。共需若干，尔付信来，由营寄回。

七十侄女于归，寄去银百两、褂料一件并里裙料一件。尔所需笔墨等件付回，照单查收。

此信并呈澄叔一阅，不另具。

涤生手示

同治元年二月十四日

061. 谕纪泽

字谕纪泽儿：

　　三月十三日接尔二月二十四日安禀并澄叔信，具悉五宅平安。尔至葛家送亲后，又须至浏阳送陈婿夫妇，又须赶回黄宅送亲，又须接办罗氏女喜事。今年春夏，尔在家中比余在营更忙。然古今文人学人，莫不有家常琐事之劳其身，莫不有世态冷暖之撄其心。尔现当家门鼎盛之时，炎凉之状不接于目，衣食之谋不萦于怀，虽奔走烦劳，犹远胜于寒士困苦之境也。尔母咳嗽不止，其病当在肺家。兹寄去好参四钱五分、高丽参半斤，好者如试之有效，当托人到京再买也。余近久不吃丸药，每月两逢节气，服归脾汤三剂。迩来渴睡甚多，不知是好是歹。

　　军事平安。鲍公于初七日在铜陵获一大胜仗。少荃坐火轮船于初八日赴上海，其所部六千五百人当陆续载去。希庵所派救颍州之兵，颍郡于初五日解围。第三女于四月二十二日于归罗家，兹寄去银二百五十两，查收。余不详，即呈澄叔一阅。此嘱。

涤生手示

同治元年三月十四日

062. 谕纪泽

字谕纪泽儿：

连接尔十四、二十二日在省城所发禀，知二女在陈家，门庭雍睦，衣食有资，不胜欣慰。

尔累月奔驰酬应，犹能不失常课，当可日进无已。人生惟有常是第一美德。余早年于作字一道，亦尝苦思力索，终无所成。近日朝朝摹写，久不间断，遂觉月异而岁不同。可见年无分老少，事无分难易，但行之有恒，自如种树畜养，日见其大而不觉耳。尔之短处在言语欠钝讷，举止欠端重，看书能深入而作文不能峥嵘。若能从此三事上下一番苦工，进之以猛，持之以恒，不过一二年，自尔精进而不觉。言语迟钝，举止端重，则德进矣。作文有峥嵘雄快之气，则业进矣。尔前作诗，差有端绪，近亦常作否？李、杜、韩、苏四家之七古，惊心动魄，曾涉猎及之否？

此间军事，近日极得手。鲍军连克青阳、石埭、太平、泾县四城。沅叔连克巢县、和州、含山三城暨铜城闸、雍家镇、裕溪口、西梁山四隘。满叔连克繁昌、南陵二城暨鲁港一隘。现仍稳慎图之，不敢骄矜。

余近日疮癣大发，与去年九十月相等。公事丛集，竟日忙冗，尚多积阁之件。所幸饮食如常，每夜安眠或二更三更之久，不似往昔彻夜不寐，家中可以放心。此信并呈澄叔一阅，不另致也。

涤生手示

同治元年四月初四日

063.谕纪泽、纪鸿

字谕纪泽、纪鸿儿：

今日专人送家信，甫经成行，又接王辉四等带来四月初十之信（尔与澄叔各一件），借悉一切。

尔近来写字总失之薄弱，骨力不坚劲，墨气不丰腴，与尔身体向来轻字之弊正是一路毛病。尔当用油纸摹颜字之《郭家庙》、柳字之《琅琊碑》《玄秘塔》，以药其病。日日留心，专从厚重二字上用工。否则字质太薄，即体质亦因之更轻矣。人之气质，由于天生，本难改变，惟读书则可变化气质。古之精相者，并言读书可以变换骨相。欲求变之之法，总须先立坚卓之志。即以余生平言之，三十岁前最好吃烟，片刻不离，至道光壬寅十一月二十一日立志戒烟，至今不再吃。四十六岁以前作事无恒，近五年深以为戒，现在大小事均尚有恒。即此二端，可见无事不可变也。尔于厚重二字，须立志变改。古称金丹换骨，余谓立志即丹也。满叔四信偶忘送，故特由驲补发。此嘱。

同治元年四月二十四日

064. 谕纪泽

字谕纪泽儿：

接尔四月十九日一禀，得知五宅平安。尔《说文》将看毕，拟先看各经注疏，再从事于词章之学。

余观汉人词章，未有不精于小学训诂者，如相如、子云、孟坚于小学皆专著一书，《文选》于此三人之文著录最多。余于古文，志在效法此三人，并司马迁、韩愈五家。以此五家之文，精于小学训诂，不妄下一字也。尔于小学，既粗有所见，正好从词章上用功。《说文》看毕之后，可将《文选》细读一过。一面细读，一面抄记，一面作文，以仿效之。凡奇僻之字，雅故之训，不手抄则不能记，不摹仿则不惯用。自宋以后能文章者不通小学，国朝诸儒通小学者又不能文章，余早岁窥此门径，因人事太繁，又久历戎行，不克卒业，至今用为疚憾。尔之天分，长于看书，短于作文。此道太短，则于古书之用意行气，必不能看得谛当。目下宜从短处下工夫，专肆力于《文选》，手抄及摹仿二者皆不可少。待文笔稍有长进，则以后诂经读史，事事易于着手矣。

此间军事平顺。沅、季两叔皆直逼金陵城下。兹将沅信二件寄家一阅。惟沅、季两军进兵太锐，后路芜湖等处空虚，颇为可虑。余现筹兵补此瑕隙，不知果无疏失否。余身体平安。惟公事日繁，应复之信积阁甚多，余件尚能料理，家中可以放心。此信送澄叔一阅。余思家乡茶叶甚切，迅速付来为要。

涤生手示

同治元年五月十四日

065. 谕纪泽

字谕纪泽：

二十日接家信，系尔与澄叔五月初二所发，二十二日又接澄侯衡州一信，具悉五宅平安，三女嫁事已毕。

尔信极以袁婿为虑，余亦不料其遽尔学坏至此，余即日当作信教之。尔等在家却不宜过露痕迹，人所以稍顾体面者，冀人之敬重也。若人之傲惰鄙弃业已露出，则索性荡然无耻，拚弃不顾，甘与正人为仇，而以后不可救药矣。我家内外大小于袁婿处礼貌均不可疏忽，若久不悛改，将来或接至皖营，延师教之亦可。大约世家子弟，钱不可多，衣不可多，事虽至小，所关颇大。

此间各路军事平安。多将军赴援陕西，沅、季在金陵孤军无助，不无可虑。湖州于初三日失守。鲍攻宁国，恐难遽克。安徽亢旱，顷间三日大雨，人心始安。谷即在长沙采买，以后澄叔不必挂心。此次不另寄澄信，尔禀告之。此嘱。

同治元年五月二十四日

066. 谕纪鸿

字谕纪鸿儿:

前闻尔县试幸列首选,为之欣慰。所寄各场文章,亦皆清润大方。昨接易芝生先生十三日信,知尔已到省。城市繁华之地,尔宜在寓中静坐,不可出外游戏征逐。兹余函商郭意城先生,在于东征局兑银四百两,交尔在省为进学之用。如郭不在省,尔将此信至易芝生先生处借银亦可。印卷之费,向例两学及学书共三分,尔每分宜送钱百千。邓寅师处谢礼百两,邓十世兄处送银十两,助渠买书之资。余银数十两,为尔零用及略添衣物之需。

凡世家子弟,衣食起居无一不与寒士相同,庶可以成大器。若沾染富贵气习,则难望有成。吾忝为将相,而所有衣服不值三百金。愿尔等常守此俭朴之风,亦惜福之道也。其照例应用之钱,不宜过啬(谢廪保二十千,赏号亦略丰)。谒圣后,拜客数家,即行归里。今年不必乡试,一则尔工夫尚早,二则恐体弱难耐劳也。此谕。

再,尔县考诗有错平仄者。头场(末句移),二场(三句禁,仄声用者禁止禁戒也,平声用者犹云受不住也,谚云禁不起),三场(四句节俭仁惠崇系倒写否?十句逸仄声),五场(九、十句失粘)。过院考时,务将平仄一一检点,如有记不真者,则另换一字。抬头处亦宜细心。再谕。

涤生手示

同治元年五月二十七日

067. 谕纪泽

字谕纪泽儿：

曾代四、王飞四先后来营，接尔二十日、二十六日两禀，具悉五宅平安。

和张邑侯诗，音节近古，可慰可慰。五言诗，若能学到陶潜、谢朓一种冲淡之味，和谐之音，亦天下之至乐，人间之奇福也。尔既无志于科名禄位，但能多读古书，时时哦诗作字，以陶写性情，则一生受用不尽。第宜束身圭璧，法王羲之、陶渊明之襟韵潇洒则可，法嵇、阮之放荡名教则不可耳。

希庵丁艰，余即在安庆送礼，写四兄弟之名，家中似可不另送礼。或鼎三侄另送礼物亦无不可，然只可送祭席挽幛之类，银钱则断不必送。尔与四叔父、六婶母商之。希庵到家之后，我家须有人往吊，或四叔，或尔去皆可，或目下先去亦可。近年以来，尔兄弟读书，所以不甚耽搁者，全赖四叔照料大事，朱金权照料小事。兹寄回鹿茸一架、袍褂料一付，寄谢四叔。丽参三两、银十二两，寄谢金权。又袍褂料一付，补谢寅皆先生。尔一一妥送。家中贺喜之客，请金权恭敬款接，不可简慢。至要至要。

贤五先生请余作传，稍迟寄回。此次未写复信，尔先告之。家中有殿板《职官表》一书，余欲一看，便中寄来。抄本《国史文苑》《儒林传》尚在否？查出禀知。此嘱。

涤生手草

同治元年七月十四日

91

068. 谕纪泽

字谕纪泽儿：

接尔七月十一日禀并澄叔信，具悉一切。鸿儿十三日自省起程，想早到家。

此间诸事平安。沅、季二叔在金陵亦好。惟疾疫颇多，前建清醮，后又陈龙灯狮子诸戏，仿古大傩之礼，不知少愈否？鲍公在宁国招降童容海一股，收用者三千人。余五万人悉行遣散，每人给钱一千。鲍公办妥此事，即由高淳、东坝会剿金陵。希帅由六安回省，初三已到。久病之后，加以忧戚，气象黑瘦，咳嗽不止，殊为可虑。本日接奉谕旨，不准请假回籍，赏银八百，饬地方官照料。圣恩高厚，无以复加，而希帅思归极切。观其病象，亦非回籍静养断难痊愈。渠日内拟自行具折陈情也。

尔所作拟庄三首，能识名理，兼通训诂，慰甚慰甚。余近年颇识古人文章门径，而在军鲜暇，未尝偶作，一吐胸中之奇。尔若能解《汉书》之训诂，参以《庄子》之诙诡，则余愿偿矣。至行气为文章第一义，卿、云之跌宕，昌黎之倔强，尤为行气不易之法。尔宜先于韩公倔强处揣摩一番。京中带回之书，有《谢秋水集》（名文洊，国初南丰人），可交来人带营一看。澄叔处未另作书，将此呈阅。

涤生手示

同治元年八月初四日

069. 谕纪泽

字谕纪泽儿：

　　日内未接家信，想五宅平安为慰。

　　此间近状如常。各军士卒多病，迄未少愈。甘子大至宁国一行，归即一病不起。许吉斋座师之世兄名敬身，号藻卿者，远来访我，亦数日物故。幸杨、鲍两军门皆有转机，张凯章闻亦少瘥。三公无他故，则大局尚可为也。沅叔营中病者亦多。沅意欲奏调多公一军回援金陵。多公在秦，正当紧急之际，焉能东旋？且沅、季共带二万余人，仅保营盘，亦无请援之理。惟祝病卒渐愈，禁得此次风浪，则此后普成坦途矣。李希庵于闰八月二十三日安庆开行，奔丧回里。唐义渠即于是日到皖。两公于余处皆以长者之礼见待，公事毫无掣肘。余亦推诚相与，毫无猜疑。皖省吏治，或可渐有起色。

　　余近日癣疾复发，不似去秋之甚。眼蒙则逐日增剧，夜间几不复能看字。老态相催，固其理也。余不一一。此信可送澄叔一阅。

涤生手示
同治元年闰八月二十四日

070. 谕纪泽

字谕纪泽儿：

接尔闰月禀，知澄叔尚在衡州未归，家中五宅平安，至以为慰。

此间连日恶风惊浪。伪忠王在金陵苦攻十六昼夜，经沅叔多方坚守，得以保全。伪侍王初三四亦至。现在金陵之贼数近二十万。业经守二十日，或可化险为夷。兹将沅叔初九、十与我二信寄归，外又有大夫第信，一慰家人之心。鲍春霆移扎距宁郡城二十里之高祖山，虽病弁太多，十分可危，然凯军在城主守，春霆在外主战，或足御之。惟宁国县城于初六日失守，恐贼猛扑徽州、旌德、祁门等城，又恐其由间道径窜江西，殊可深虑。余近日忧灼，迥异寻常气象，与八年春间相类。盖安危之机，关系太大，不仅为一己之身名计也。但愿沅、霆两处幸保无恙，则他处尚可徐徐补救。此信送澄叔一阅，不详。

涤生手示
同治元年九月十四日

071. 谕纪泽

字谕纪泽儿：

旬日未接家信，不知五宅平安如常否？此间军事，金柱关、芜湖及水师各营，已有九分稳固可靠；金陵沅叔一军，已有七分可靠；宁国鲍、张各军，尚不过五分可靠。此次风波之险，迥异寻常。余忧惧太过，似有怔忡之象，每日无论有信与无信，寸心常若皇皇无主。前此专虑金陵沅、季大营或有疏失，近日金陵已稳，而忧惶战栗之象不为少减，自是老年心血亏损之症。欲尔再来营中省视，父子团聚一次。一则或可少解怔忡病症，二则尔之学问亦可稍进。或今冬起行，或明年正月起行，禀明尔母及澄叔行之。尔在此住数月归去，再令鸿儿来此一行。

寅皆先生明年定在大夫第教书，鸿儿随之受业。金二外甥有志向学，尔可带之来营。余详日记中。此谕。

涤生手示

同治元年十月初四日

072. 谕纪泽

字谕纪泽儿：

十月初十日接尔信与澄叔九月二十日县城发信，具悉五宅平安。希庵病亦渐好，至以为慰。

此间军事，金陵日就平稳，不久当可解围。沅叔另有二信，余不赘告。鲍军日内甚为危急。贼于湾沚渡过河西，梗塞霆营粮路。霆军当士卒大病之后，布置散漫，众心颇怨，深以为虑。鲍若不支，则张凯章困于宁国郡城之内，亦极可危。如天之福，宁国亦如金陵之转危为安，则大幸也。

尔从事小学、《说文》，行之不倦，极慰极慰。小学凡三大宗。言字形者，以《说文》为宗。古书惟大小徐二本，至本朝则段氏特开生面，而钱坫、王筠、桂馥之作亦可参观。言训诂者，以《尔雅》为宗。古书惟郭注、邢疏，至本朝而邵二云之《尔雅正义》、王怀祖之《广雅疏证》、郝兰皋之《尔雅义疏》，皆称不朽之作。言音韵者，以《唐韵》为宗。古书惟《广韵》《集韵》，至本朝而顾氏《音学五书》乃为不刊之典，而江（慎修）、戴（东原）、段（茂堂）、王（怀祖）、孔（巽轩）、江（晋三）诸作，亦可参观。尔欲于小学钻研古义，则三宗如顾、江、段、邵、郝、王六家之书，均不可不涉猎而探讨之。

余近日心绪极乱，心血极亏。其慌忙无措之象，有似咸丰八年春在家之时，而忧灼过之。甚思尔兄弟来此一见。不知尔何日可来营省视？仰观天时，默察人事，此贼竟无能平之理。但求全局不遽决裂，余能速死，而不为万世所痛骂，则幸矣。此信送澄叔一阅，不另致。

涤生手示
同治元年十月十四日

073. 谕纪泽、纪鸿

字谕纪泽、纪鸿儿：

日内未接家信，想五宅平安。

此间军事，金陵于初五日解围，营中一切平安，惟满叔有病未愈。目下危急之处有三：一系宁国鲍、张两军粮路已断，外无援兵；一系旌德朱品隆一军被贼围扑，粮米亦缺；一系九洑洲之贼窜过北岸，恐李世忠不能抵御。大约此三处者断难幸全。余两月以来，十分忧灼，牙疼殊甚，心绪之恶，甚于八年春在家、十年春在祁门之状。

尔明年新正来此，父子一叙，或可少纾忧郁。

尔近日走路身体略觉厚重否？说话略觉迟钝否？鸿儿近学作试帖诗否？袁氏婿近常在家否？尔若来此，或带袁婿与金二外甥同来亦好。澄叔处未另致。

涤生手示

同治元年十月二十四日

074. 谕纪泽

字谕纪泽儿：

二十九接尔十月十八在长沙所发之信，十一月初一又接尔初九日一禀，并与左镜和唱酬诗及澄叔之信，具悉一切。

尔诗胎息近古，用字亦皆得当。惟四言诗最难有声响，有光芒，虽《文选》韦孟以后诸作，亦复尔雅有余，精光不足。扬子云之《州箴》《百官箴》诸四言，刻意摹古，亦乏作作之光、渊渊之声。余生平于古人四言，最好韩公之作，如《祭柳子厚文》《祭张署文》《进学解》《送穷文》诸四言，固皆光如皎日，响如春霆。即其他凡墓志之铭词及集中如《淮西碑》《元和圣德》各四言诗，亦皆于奇崛之中迸出声光。其要不外意义层出、笔仗雄拔而已。自韩公而外，则班孟坚《汉书·叙传》一篇，亦四言中之最隽雅者。尔将此数篇熟读成诵，则于四言之道自有悟境。镜和诗雅洁清润，实为吾乡罕见之才，但亦少奇矫之致。凡诗文欲求雄奇矫变，总须用意有超群离俗之想，乃能脱去恒蹊。尔前信读《马汧督诔》，谓其沉郁似《史记》，极是极是。余往年亦笃好斯篇。尔若于斯篇及《芜城赋》《哀江南赋》《九辩》《祭张署文》等篇吟玩不已，则声情自茂，文思汨汨矣。

此间军事危迫异常。九洑洲之贼纷窜江北，巢县、和州、含山俱有失守之信。余日夜忧灼，智尽能索，一息尚存，忧劳不懈，它非所知耳！尔行路渐重厚否？纪鸿读书有恒否？至为廑念。余详日记中。此次澄叔处无信，尔详禀告。

涤生手示

同治元年十一月初四日

075. 谕纪泽

字谕纪泽儿：

二十二、三日连寄二信与澄叔，驿递长沙转寄，想俱接到。季叔赍志长逝，实堪伤恸。沅叔之意，定以季榇葬马公塘，与高轩公合冢。尔即可至北港迎接。一切筑坟等事，禀问澄叔，必恭必悫。俟季叔葬事毕后再来皖营可也。

尔现用油纸摹帖否？字乏刚劲之气，是尔生质短处，以后宜从刚字、厚字用功。特嘱。

涤生手示
同治元年十一月二十四日

076. 谕纪泽

字谕纪泽儿：

十一日接十一月二十二日来禀，内有鸿儿诗四首。十二日又接初五日来禀，其时尔初自长沙归也。两次皆有澄叔之信，具悉一切。

韩公五言诗本难领会，尔且先于怪奇可骇处、诙谐可笑处细心领会。可骇处，如咏落叶，则曰"谓是夜气灭，望舒贯其圆"；咏作文，则曰"蛟龙弄角牙，造次欲手揽"。可笑处，如咏登科，则曰"侪辈妒且热，喘如竹筒吹"；咏苦寒，则曰"羲和送日出，恇怯频窥觇"。尔从此等处用心，可以长才力，亦可添风趣。鸿儿试帖，大方而有清气，易于造就，即日批改寄回。

季叔奉初六恩旨追赠按察使，照按察使军营病故例议恤，可称极优。兹将谕旨录归。此间定于十九日开吊，二十日发引，同行者为厚四、甲二、甲六、葛罩山、江龙三诸族戚，又有员弁亲兵等数十人送之，大约二月可到湘潭。葬期若定二月底三月初，必可不误。

下游军事渐稳。北岸萧军于初十日克复运漕，鲍军粮路虽不甚通，而贼实不悍，或可勉强支持。此信送澄叔一阅。外，冯春皋对一付，查收。

涤生手示

同治元年十二月十四日

077. 谕纪泽

字谕纪泽儿：

　　接澄叔初五夜一缄，尔亦有一禀。又接澄叔十二日在有恒堂所发之缄，系排单递到者。余昨日已复信，亦排递交玉班转送矣。季叔灵柩十二月二十日自安庆登舟，日内风色颇顺。到湘潭之迟速虽不可知，大约在二月初十以后。

　　此间近日兵事如常。朱云岩进攻青阳，于二十二日可到池州，二十四五可以进兵。萧、毛在无为、运漕一带。萧尚未再进，毛于二十日小挫一次。春霆之粮路至今未通，殊为可虑。惟金陵沅叔大营与芜湖东西梁山十分稳固，兹可喜耳。

　　余近尚平安，牙疼小愈。署中上下均吉。并告。

涤生手草

同治元年十二月二十四日

078. 谕纪泽

字谕纪泽儿：

萧开二来，接尔正月初五日禀，得知家中平安。罗太亲翁仙逝，此间当寄奠仪五十金、祭幛一轴，下次付回。

罗婿性情乖戾，与袁婿同为可虑，然此无可如何之事。不知平日在三女儿之前亦或暴戾不近人情否？尔当谆嘱三妹柔顺恭谨，不可有片语违忤。三纲之道，君为臣纲，父为子纲，夫为妻纲，是地维所赖以立，天柱所赖以尊。故《传》曰：君，天也；父，天也；夫，天也。《仪礼》记曰：君至尊也，父至尊也，夫至尊也。君虽不仁，臣不可以不忠；父虽不慈，子不可以不孝；夫虽不贤，妻不可以不顺。吾家读书居官，世守礼义，尔当诰戒大妹、三妹忍耐顺受。吾于诸女妆奁甚薄，然使女果贫困，吾亦必周济而覆育之。目下陈家微窘，袁家、罗家并不忧贫。尔谆劝诸妹，以能耐劳忍气为要。吾服官多年，亦常在耐劳忍气四字上做工夫也。

此间近状平安。自鲍春霆正月初六日泾县一战后，各处未再开仗。春霆营士气复王，米粮亦足，应可再振。伪忠王复派贼数万续渡江北，非希庵与江味根等来恐难得手。

余牙疼大愈，日内将至金陵一晤沅叔。此信送澄叔一阅，不另致。

涤生手示

同治二年正月二十四日

079. 谕纪泽

字谕纪泽儿：

今日已由驲排递寄一信与澄叔矣，而逢四专人送信仍不可废。兹付去日记一本、谕旨奏章二本、沅叔信一件。季叔楳到长沙甚速，出吾意料之外。家中尚无所误否？

涤生手示
同治二年二月初四日

080. 谕纪泽

字谕纪泽儿:

二月二十一日在运漕行次,接尔正月二十二日、二月初三日两禀,并澄叔两信,具悉家中五宅平安。大姑母及季叔葬事,此时均当完毕。尔在团山嘴桥上跌而不伤,极幸极幸。闻尔母与澄叔之意欲修石桥,尔写禀来,由营付归可也。《礼》云:"道而不径,舟而不游。"古之言孝者,专以保身为重。乡间路窄桥孤,嗣后吾家子侄凡遇过桥,无论轿马,均须下而步行。吾本意欲尔来营见面,因远道风波之险,不复望尔前来,且待九月霜降水落,风涛性定,再行寄谕定夺。目下尔在家饱看群书,兼持门户。处乱世而得宽闲之岁月,千难万难,尔切莫错过此等好光阴也。

余以十六日自金陵开船而上,沿途阅看金柱关、东西梁山、裕溪口、运漕、无为州等处,军心均属稳固,布置亦尚妥当。惟兵力处处单薄,不知足以御贼否。余再至青阳一行,月杪即可还省。南岸近亦吃紧。广匪两股窜扑徽州,古、赖等股窜扰青阳。其志皆在直犯江西以营一饱,殊为可虑。

澄叔不愿受沅之赀封。余当寄信至京,停止此举,以成澄志。尔读书有恒,余欢慰之至。第所阅日博,亦须札记一二条,以自考证。脚步近稍稳重否?常常留心。此嘱。

涤生手示

同治二年二月二十四日,泥汊舟次

081. 谕纪泽

字谕纪泽儿：

接尔二月十三日禀并《闻人赋》一首，具悉家中各宅平安。

尔于小学训诂颇识古人源流，而文章又窥见汉魏六朝之门径，欣慰无已。余尝怪国朝大儒如戴东原、钱辛楣、段懋堂、王怀祖诸老，其小学训诂实能超越近古，直逼汉唐，而文章不能追寻古人深处，达于本而阂于末，知其一而昧其二，颇所不解。私窃有志，欲以戴、钱、段、王之训诂，发为班、张、左、郭之文章（晋人左思、郭璞小学最深，文章亦逼两汉，潘、陆不及也）。久事戎行，斯愿莫遂，若尔曹能成我未竟之志，则至乐莫大乎是。即日当批改付归。尔既得此津筏，以后便当专心壹志，以精确之训诂，作古茂之文章。由班、张、左、郭上而扬、马而《庄》《骚》而《六经》，靡不息息相通，下而潘、陆，而任、沈，而江、鲍、徐、庾，则词愈杂，气愈薄，而训诂之道衰矣。至韩昌黎出，乃由班、张、扬、马而上跻《六经》，其训诂亦甚精当。尔试观《南海神庙碑》《送郑尚书序》诸篇，则知韩文实与汉赋相近。又观《祭张署文》《平淮西碑》诸篇，则知韩文实与《诗经》相近。近世学韩文者，皆不知其与扬、马、班、张一鼻孔出气。尔能参透此中消息，则几矣。

尔阅看书籍颇多，然成诵者太少，亦是一短。嗣后宜将《文选》最惬意者熟读，以能背诵为断，如《两都赋》、《西征赋》、《芜城赋》及《九辩》、《解嘲》之类皆宜熟读。《选》后之文，如《与杨遵彦书》（徐）、《哀江南赋》（庾）亦宜熟读。又经世之文如马贵与《〈文献通考〉序二十四首》，天文如丹元子之《步天歌》(《文献通考》载之，《五礼通考》载之)，地理如顾祖禹之"州域形势叙"(见《方舆纪要》首数卷，低一格者不必读，高一格者可读，其排列某州某郡无文气者亦不必读)。以上所选文七篇三种，尔与纪鸿儿皆当手抄熟读，互相背诵，将来父子相见，余亦课尔等背诵也。

尔拟以四月来皖，余亦甚望尔来，教尔以文。惟长江风波颇不放心，又恐往返途中抛荒学业，尔禀请尔母及澄叔酌示。如四月起程，则只带袁婿及金二甥同来，如八九月起程，则奉母及弟、妹、妻、女合家同来，到皖住数月，孰归孰留，再行商酌。目下皖北贼犯湖北，皖南贼犯江西，今年上半年必不安静，下半年或当稍胜。尔若于四月来谒，舟中宜十分稳慎，如八月来，则余派大船至湘潭迎接可也。余详日记中，尔送澄叔一阅，不另函矣。

涤生手示

同治二年三月初四日

082. 谕纪泽

字谕纪泽儿：

　　顷接尔禀及澄叔信，知余二月初四在芜湖下所发二信同日到家，季叔与伯姑母葬事皆已办妥。尔自楮山归来，俗务应稍减少。

　　此间近日军事最急者，惟石涧埠毛竹丹、刘南云营盘被围。自初三至初十，昼夜环攻，水泄不通。次则黄文金大股由建德窜犯景德镇。余本檄鲍军救援景镇，因石涧埠危急，又令鲍改援北岸。沅叔亦拨七营援救石涧埠。只要守住十日，两路援兵皆到，必可解围。又有捻匪由湖北下窜，安庆必须安排守城事宜。各路交警，应接不暇，幸身体平安，尚可支持。

　　《闻人赋》圈批发还，尔能抗心希古，大慰余怀。纪鸿颇好学否？尔说话走路，比往年较迟重否？付去高丽参一斤，备家中不时之需。又付银十两，尔托楮山为我买好茶叶若干斤。去年寄来之茶，不甚好也。此信送与澄叔一看，不另寄。奏章谕旨一本，查收。

涤生手示
同治二年三月十四日

083. 谕纪鸿

字谕纪鸿儿：

接尔禀件，知家中五宅平安，子侄读书有恒为慰。

尔问今年应否往过科考？尔既作秀才，凡岁考科考，均应前往入场，此朝廷之功令，士子之职业也。惟尔年纪太轻，余不放心。若邓师能晋省送考，则尔凡事有所禀承，甚好甚好。若邓师不赴省，则尔或与易芝生先生同住，或随罩山、镜和、子祥诸先生同伴，总须得一老成者照应一切，乃为稳妥。尔近日常作试帖诗否？场中细检一番，无错平仄，无错抬头也。此次未写信与澄叔，尔为禀告。

涤生手示

同治二年五月十八日

084. 谕纪鸿

字谕纪鸿儿：

接尔澄叔七月十八日信并尔寄泽儿一缄，知尔奉母于八月十九日起程来皖，并三女与罗婿一同前来。

现在金陵未复，皖省南北两岸群盗如毛，尔母及四女等姑嫂来此，并非久住之局。大女理应在袁家侍姑尽孝，本不应同来安庆，因榆生在此，故吾未尝写信阻大女之行。若三女与罗婿，则尤应在家事姑事母，尤可不必同来。余每见嫁女贪恋母家富贵而忘其翁姑者，其后必无好处。余家诸女当教之孝顺翁姑，敬事丈夫，慎无重母家而轻夫家，效浇俗小家之陋习也。三女夫妇若尚在县城、省城一带，尽可令之仍回罗家奉母奉姑，不必来皖。若业已开行，势难中途折回，则可同来安庆一次。小住一月二月，余再派人送归。其陈婿与二女，计必在长沙相见，不可带之同来。俟此间军务大顺，余寄信去接可也。

此间一切平安。纪泽与袁婿、王甥初二俱赴金陵。此信及奏稿一本，尔禀寄澄叔，交去人送去。余未另信告澄叔也。

涤生手示

同治二年八月初四日

085. 谕纪鸿

字谕纪鸿儿:

　　尔于十九日自家起行,想九月初可自长沙挂帆东行矣。船上有大帅字旗,余未在船,不可误挂。经过府县各城,可避者略为避开,不可惊动官长,烦人应酬也。余日内平安。沅叔及纪泽等在金陵亦平安。此谕。

涤生手示
同治二年八月十二日

086. 谕纪瑞

字寄纪瑞侄左右：

　　前接吾侄来信，字迹端秀，知近日大有长进。纪鸿奉母来此，询及一切，知侄身体业已长成，孝友谨慎，至以为慰。吾家累世以来，孝弟勤俭。辅臣公以上吾不及见，竟希公、星冈公皆未明即起，竟日无片刻暇逸。竟希公少时在陈氏宗祠读书，正月上学，辅臣公给钱一百，为零用之需。五月归时，仅用去一文，尚余九十八文还其父。其俭如此。星冈公当孙入翰林之后，犹亲自种菜收粪。吾父竹亭公之勤俭，则尔等所及见也。今家中境地虽渐宽裕，侄与诸昆弟切不可忘却先世之艰难，有福不可享尽，有势不可使尽。勤字工夫，第一贵早起，第二贵有恒；俭字工夫，第一莫着华丽衣服，第二莫多用仆婢雇工。凡将相无种，圣贤豪杰亦无种，只要人肯立志，都可以做得到的。侄等处最顺之境，当最富之年，明年又从最贤之师，但须立定志向，何事不可成？何人不可作？愿吾侄早勉之也。荫生尚算正途功名，可以考御史。待侄十八九岁，即与纪泽同进京应考。然侄此际专心读书，宜以八股试帖为要，不可专恃荫生为基，总以乡试会试能到榜前，益为门户之光。

　　纪官闻甚聪慧，侄亦以立志二字，兄弟互相劝勉，则日进无疆矣。顺问近好。

涤生手示
同治二年十二月十四日

087. 谕纪泽

字谕纪泽儿：

　　二十四日申正之禀，二十六申刻接到。余于二十五日巳刻抵金陵陆营，文案各船亦于二十六日申刻赶到。沅叔湿毒未愈，而精神甚好。伪忠王曾亲讯一次，拟即在此杀之。由安庆咨行各处之折，在皖时未办咨札稿，兹寄去一稿。若已先发，即与此稿不符，亦无碍也。刻折稿寄家可一二十分，或百分亦可。沅叔要二百分，宜先尽沅叔处，此外各处不宜多散。此次令王洪陛坐轮船于二十七日回皖，以后送包封者仍坐舢板归去。包封每日止送一次，不可再多。尔一切以勤俭二字为主。至嘱。

　　顷见安庆付来之咨行稿，甚妥。此间稿不用矣。

涤生手示

同治三年六月二十六日

088. 谕纪泽

字谕纪泽儿：

　　二十九日接尔二十七日申刻禀。余以是日巡览各营，夜宿萧信卿处，距沅叔大营三十里，故接包封稍晚也。天气虽热，然此间屡得大雨，早晚尚凉，比之沅叔与诸将终年在矮屋破棚之中，战争于烈日骤雨之下，苦乐相去远矣。尔等勿以为念。余拟将城内城外周览一过，七月中旬即可返棹回皖。洪秀全之逆尸昨已挖出亲验，李秀成之亲供亦将取毕。沅叔湿毒尚未愈也。

　　督科一请示禀批数字附还。

涤生手示

同治三年六月二十九夜

089. 谕纪泽

字谕纪泽儿：

　　七月初一日接六月二十八禀并廷寄及恭王信件包封，各件均已收到。余今日看孝陵卫、天保城地道缺口及伪天王府等处，午正回沅叔营次，一切平安。惟李少山作士物故，失一善人。沅叔伤感殊甚耳。柯小泉病状何如？便中禀及。此嘱。

涤生手示

同治三年七月初一日

090. 谕纪泽

字谕纪泽儿：

连接二十九日、初一、初二日三次四禀，具悉一切。

小泉竟尔不起，深用悼惨，尔往吊□，余再致联幛、赙仪也。各处咨文尽可不粘保单。兹将排单寄去十余分。如咨文尚未发，排可也，不排亦可也。各省发咨太迟，今亦不复论矣。

安庆并无长龙解饷，此间已派长龙数号回皖。外间司道及各署有应商之事，余曾嘱其就子密一商。以后凡涉外事，请子密作缄寄我可也。

裱地图，面背皆用白纸，但用黄绫镶边而已。和州图稍展，令宽四旁略有可折为妥。此嘱。

今日逢四送信之期，余寄四叔信一缄，日记一本，尔阅后专人送去。

涤生手示

同治三年七月初四日

091. 谕纪泽

字谕纪泽儿：

日内北风甚劲，未接包封及尔禀信，余亦未发信也。

伪忠王自写亲供，多至五万余字。两日内看该酋亲供，如校对房本误书，殊费目力。顷始具奏洪、李二酋处治之法。李酋已于初六正法，供词亦抄送军机处矣。

沅叔拟于十一二等日演戏请客，余亦于十五前后起程回皖。日内因天热事多，尚未将江西一案出奏，计非五日不能核定此稿。老年畏热，亦畏案牍之繁难。余将来到金陵，即在英王府寓居，顷已派人修理矣。此谕。

涤生手示

同治三年七月初七日

092.谕纪泽

字谕纪泽儿：

初八早接尔初四日禀，具悉一切。营中疾病尚多，李臣典初二日死矣。榆生封房之事，沅叔以为无之，仅借住一所，将米起入仓中。日来北风甚大，向之包封日余辄到，此次三日余也。此谕。

涤生手示

同治三年七月初八日

093. 谕纪泽

字谕纪泽儿：

　　本日未刻接富将军咨到廷寄，余蒙恩封一等侯，沅叔蒙恩封一等伯。惟二十三日之折尚未批回，恩旨一道尚未接到。大约夹板仍发安庆，连日因风逆，故未到耳。兹将寄谕抄付安庆一看，恐战船较迟，故用排递。此嘱。

涤生手示

同治三年七月初八日申正

094. 谕纪鸿

字谕纪鸿：

　　自尔起行后，南风甚多，此五日内却是东北风，不知尔已至岳州否？余以二十五日至金陵，沅叔病已痊愈。二十八日戮洪秀全之尸，初六日将伪忠王正法。初八日接富将军咨，余蒙恩封侯，沅叔封伯。余所发之折，批旨尚未接到，不知同事诸公得何懋赏，然得五等者甚少。余借人之力以窃上赏，寸心不安之至。

　　尔在外以谦谨二字为主，世家子弟，门第过盛，万目所属。临行时，教以三戒之首，末二条及力去傲惰二弊，当已牢记之矣。场前不可与州县来往，不可送条子，进身之始，务知自重，酷热尤须保养身体。此嘱。

同治三年七月初九日

095. 谕纪泽

字谕纪泽儿：

初九日接尔初六申刻之禀，知二十三日之折，批旨尚未到皖，颇不可解。岂已递至官相处耶？各处来信皆言须用贺表，余亦不可不办一分。尔请程伯敷为我撰一表，为沅叔撰一表。伯敷前后所作谢折太多，此次拟另送润笔费三十金，盖亦仅见之美事也。

得五等之封者似无多人。余借人之力而窃上赏，寸心深抱不安。从前三藩之役，封爵之人较多，求阙斋西间有《皇朝文献通考》一部，尔试查《封建考》中三藩之役共封几人？平准部封几人？平回部封几人？开单寄来。

伪幼主有逃至广德之说，不知确否。此谕。

涤生手示
同治三年七月初九日

122

096. 谕纪泽

字谕纪泽儿:

今早接奉二十九日谕旨。余蒙恩封一等侯、太子太保、双眼花翎,沅叔蒙恩封一等伯、太子少保、双眼花翎,李臣典封子爵,萧孚泗男爵。其余黄马褂九人,世职十人,双眼花翎四人(余兄弟及李、萧)。恩旨本日包封抄回。兹先将初七之折寄回发刻,李秀成供明日付回也。

涤生手示
同治三年七月初十日

097. 谕纪泽

字谕纪泽儿:

　　接尔十一、二、三等号禀,具悉一切。此间初十,十一、二等日戏酒三日,沅叔料理周到,精力沛然,余则深以为苦。亢旱酷热,老人所畏,应治之事多搁废者。江西周石一案,奏稿久未核办,尤以为疚。自六月二十三日起,凡人证皆由余发及盘川,以示体恤。尔托子密告知两司可也。

　　鄂刻地图,尔可即送一分与莫偲老。《轮船行江说》三日内准付回。另纸缮写,粘贴大图空处。万篪轩、忠鹤皋及泰州、扬州各官日内均来此一见。李少泉亦拟来一晤,闻余将以七月回皖,遂不来矣。此谕。

涤生手示

同治三年七月十三日,巳刻

098. 谕纪泽

字谕纪泽儿：

十四日接尔十二申刻禀，具悉一切。初十至十二戏酒请客三日。十三日各统领请余兄弟，无戏。酷热如火，沅叔应酬无倦，余则惫矣。

李秀成供如尚未刻成，可令书局工匠众手赶到，限三日刻成。分两次付五十本来此，以便分咨各处。余本日寄澄叔信，尔专人送湘。并寄恩旨二道，初七日疏一通。如已刻成，则多寄几分可也。

金陵十日内未得雨，亢热异常，盼泽极矣。余续告。

涤生手示
同治三年七月十四日

099. 谕纪泽

字谕纪泽儿：

十五日接尔十三日禀，具悉一切。

此间亢热如故，今日微有风耳。余二日内当作各折片，殊以为苦。袁榆生之叔以今日去世，有家信一封，尔为速交金陵。若不得大雨，病未已也。余积搁文牍甚多，而江西一案尤为繁难。老年畏热，何能任此艰巨！行谋谢去矣。榆婿信并付阅。余续告。

涤生手示

同治三年七月十五日

100. 谕纪泽

字谕纪泽儿:

十六早接尔十四申刻禀,十六申刻又接尔十五申刻禀,具悉一切。

余昨日改谢恩折二件,今日拜发,派王廷贵、曾恒德赍京。富将军过江,定于十八日来此会晤。余起程应俟二十矣。

《轮舟行江浅深说》,即照此缮写,贴于图之空处。但须方、刘一对,图与说不至两歧为要。筱岑信及贺表俱待八月再商。鲍军初四大捷,江西事应松耳。余续告。

涤生手示
同治三年七月十六夜

101. 谕纪泽

字谕纪泽儿：

二日未接尔禀，盖北风阻滞之故。此间十七日大风大雨，萧然便有秋气。

富将军今日来拜，罄谈一切。余拟明日登舟，乘坐民船，不求其快，舟中须作周石狱事一折，非三四日不能了。沅叔处无一人独坐之位，无一刻清净之时，故未办也。其他积阁之事亦尚不少，皆须在船一为清理。到皖当在月杪矣。此嘱。

涤生手示
同治三年七月十八日

102. 谕纪泽

字谕纪泽儿：

十九日接尔十七日禀，知十一日之信至十七早始赶到安庆。哨官疲缓如此，不能不严惩也。余于十九日回拜富将军，即起程回皖，约行七十里乃至棉花堤。今日未刻发报后，长行顺风，行七十里泊宿，距采石不过十余里。

接奉谕旨，诸路将帅督抚均免造册造报销，真中兴之特恩也。顷又接尔十八日禀，抄录封爵单一册。我朝酬庸之典，以此次最隆，愧悚战兢，何以报称！尔曹当勉之矣。

涤生手示

同治三年七月二十日

103. 谕纪泽

字谕纪泽儿：

二十二日卯刻接尔二十日禀，十九日禀昨日到矣。余二十日行七十里至烈山，二十一日行二十里至采石，今日未刻当可行百里至芜湖也。此行在舟行改江西讼案折，计须五日乃了，正不望其太速耳。余二十日看袁婿，病似疟疾，尚送迎大门，当不要紧。

涤生手示

同治三年七月二十二日午刻，芜湖下二十里

104. 谕纪泽

字谕纪泽儿：

　　二十三日申刻接尔二十二日禀。余二十三自芜湖开船，仅行二十五里至鲁港之斜对岸。今日又无风，不能开行。舟中燥热，又不好治事，再过三日始能将江西讼案折稿办毕，未知本月能抵皖否耳。家信一件，封口派人送去。此嘱。

涤生手示

同治三年七月二十四日

105. 谕纪鸿

字谕纪鸿：

　　自尔还湘启行后，久未接尔来禀，殊不放心。今年天气奇热，尔在途次平安否？

　　余在金陵与沅叔相聚二十五日，二十日登舟还皖，体中尚适。余与沅叔蒙恩晋封侯伯，门户太盛，深为祗惧。尔在省以谦敬二字为主，事事请问意臣、芝生两姻叔，断不可送条子，致腾物议。十六日出闱，十七八拜客，十九日即可回家。九月初在家听榜信后，再起程来署可也。择交是第一要事，须择志趣远大者。此嘱。

　　　　　　　　同治三年七月二十四日，旧县舟次

106. 谕纪泽

字谕纪泽儿：

　　二十四日接尔二十三禀，余二十四日行六十里宿旧县。二十五日行一百里宿铜陵之上。风非不顺，其如船太笨何！江西讼案折已脱稿，大致多用少仲底本，不甚费心，然已惫矣。明日再行一日，如不能多走，二十七日当换小船耳。

涤生手示

同治三年七月二十五日

107. 谕纪泽

字谕纪泽儿:

　　昨今两日接尔二十四日二禀, 二十五日一禀, 具悉一切。

　　余今日巳刻过大通, 夜或可宿池州。二十八日当发一报, 广东厘金拟请于八月三十日停止, 并请将粤厘每三十万加举人一名。尔求子密代作一折, 以原案尽存子密处, 或请莼卿作亦可。折不必长, 二十七夜迎校舟中。若风稍顺, 余二十八日亦到省矣。江西讼案一折亦二十八可发也。此嘱。

涤生手示

同治三年七月二十六日申刻

108. 谕纪泽

字谕纪泽儿：

二十九日接第一次包封。余二十七夜住瓜洲，二十八日在焦山游览竟日，二十九至镇江等处。初一当至扬州，初二即可返棹。一切平安。孙宅赙仪，俟余归再送。付回上谕一件、题目一纸。

涤生手示
同治四年三月二十九夜

109. 谕纪泽、纪鸿

字谕纪泽、纪鸿儿：

余于初四日自邵伯开行后，初八日至清江浦。闻捻匪张、任、牛三股并至蒙、亳一带，英方伯雉河集营被围，易开俊在蒙城亦两面皆贼，粮路难通。余商昌岐带水师由洪泽湖至临淮，而自留此待罗、刘旱队至乃赴徐州。

尔等奉母在寓，总以勤俭二字自惕，而接物出以谦慎。凡世家之不勤不俭者，验之于内眷而毕露。余在家深以妇女之奢逸为虑，尔二人立志撑持门户，亦宜自端内教始也。余身尚安，癣略甚耳。

涤生手示

同治四年闰五月初九日

110. 谕纪泽、纪鸿

字谕纪泽、纪鸿儿：

专人来，接鸿儿初六夜信，具悉署内平安。罗氏外孙有病，比来已就痊否？又闻刘松山一军在龙潭闹饷，不肯渡江，不知近状何如？深为系念。

余于初八日至清江浦，发、捻二逆群萃皖北蒙、亳一带。英方伯雉河集营被围甚紧。英带二十八骑于初六日自营冲出，其诸将尚在该集守营求救。余拟改驻临淮，先救皖北之急。二十内外自袁浦启行。身体尚好。临淮至金陵官封二日可到也。日记一本可寄湘乡否？两叔信另寄矣。

正封缄间，又接泽儿初九日禀。小孩病尚未好，尔母泄泻，系脾虚大亏。昔年在京服重剂黄芪参术，此后不宜日日服药，服则宜补火补气。内银钱所房屋，尽可退还，停止租钱。李宫保处宜旬日一往，幕中陈、凌、蒋、陈等，皆熟人也。

涤生手示
同治四年五月十四日，清江浦

111. 谕纪泽

字谕纪泽：

接尔十一、十五日两次安禀，具悉一切。尔母病已全愈，罗外孙亦好，慰慰。

余到清江已十一日，因刘松山未到，皖南各军闹饷，故尔迟迟未发。雉河、蒙城等处日内亦无警信。罗茂堂等今日开行，由陆路赴临淮。余俟刘松山到后，拟于二十一日由水路赴临淮。身体平安。惟廑念湘勇闹饷，有弗戢自焚之惧，竟日忧灼。蒋之纯一军在湖北业已叛变，恐各处相煽，即湘乡亦难安居。思所以痛惩之之法，尚无善策。

杨见山之五十金，已函复小岑在于伊卿处致送。邵世兄及各处月送之款，已有一札，由伊卿长送矣。惟壬叔向按季送，偶未入单，刘伯山书局撤后，再代谋一安砚之所。该局何时可撤，尚无闻也。

寓中绝不酬应，计每月用钱若干？儿妇诸女，果每日纺绩有常课否？下次禀复。吾近夜饭不用荤菜，以肉汤炖蔬菜一二种，令其烂如臡，味美无比，必可以资培养（菜不必贵，适口则足养人），试炖与尔母食之（星冈公好于日入时手摘鲜蔬，以供夜餐。吾当时侍食，实觉津津有味，今则加以肉汤，而味尚不逮于昔时）。后辈则夜饭不荤，专食蔬而不用肉汤，亦养生之宜，且崇俭之道也。颜黄门（之推）《颜氏家训》作于乱离之世，张文端（英）《聪训斋语》作于承平之世，所以教家者极精。尔兄弟各觅一册，常常阅习，则日进矣。

涤生手草

同治四年闰五月十九日，清江浦

112.谕纪泽、纪鸿

字谕纪泽、纪鸿儿：

　　闰五月三十日由龙克胜等带到尔二十三日一禀，六月一日有驲递到尔十八日一禀，具悉一切。罗家外孙既系漫惊风，则极难医治。

　　余于二十五六日渡洪泽湖面二百四十里，二十七日入淮。二十八日在五河停泊一日，等候旱队。二十九日抵临淮。闻刘省三于二十四日抵徐州，二十八日由徐州赴援雉河；英西林于二十六日攻克高炉集。雉河之军心益固，大约围可解矣。罗、张、朱等明日可以到此，刘松山初五六可到。余小住半月，当仍赴徐州也。毛寄云年伯二十五日至清江，急欲与余一晤。余二十八日寄一信，因太远，止其来临淮。

　　尔写信太短。近日所看之书及领略古人文字意趣，尽可自摅所见，随时质正。前所示有气则有势，有识则有度，有情则有韵，有趣则有味，古人绝好文字，大约于此四者之中必有一长。尔所阅古文，何篇于何者为近？可放论而详问焉。鸿儿亦宜常常具禀，自述近日工夫。此示。

涤生手草

同治四年六月初一日

113. 谕纪泽

字谕纪泽儿：

接尔闰五月二十一、六、九日暨六月初一日信，具悉一切。罗家外孙近日更愈否？尔母服王子蕃药得愈，想仍系温补之品。尔祖母江太夫人昔年无论何病皆须服温补之剂，尔母似亦相类，总不可用克伐药也。高丽参、鹿胶二者，日内折弁进京必如数购买。

余出师已四十天，未遇酷暑，尚能禁受。惟淮水盛涨，营垒恐将淹没。雉河解围，皖事已松，余七月当赴徐州。

毛年伯所送《二十四史》，余思一看，或将《后汉书》专人送阅亦可。此间无鱼翅可买，宜在金陵买十余斤寄来。乔中丞顷来相访，即无以燕之也。鸿儿有禀来否？并问。

涤生手示

同治四年六月初八日

114. 谕纪泽、纪鸿

字谕纪泽、纪鸿儿：

十五日接泽儿十一日禀，鸿儿无禀，何也？今日接小岑信，知邵世兄一病不起，实深伤悼。位西立身行己、读书作文俱无差谬，不知何以家运衰替若此？岂天意真不可测耶？尔母之病，总带温补之剂，当无他虞。罗氏外孙及朱金权已痊愈否？

此间大水异常，各营皆已移渡南岸。惟余所居淮北两营系罗茂堂所带，二日内尚可不移。再长水八寸，则危矣。阴云郁热，雨势殊未已也。

邵世兄处，应送奠仪五十金。可由家中先为代出，有便差来营即付去。滕中军所带百人，可令每半月派一兵来，此不必定候家乡长夫送信。余托陈小浦买龙井茶，尔可先交银十六两，亦候下次兵来时付去。邵宅每月二十金，尔告伊卿照常致送否？须补一公牍否？尔每旬至李宫保处一谈否？幕中诸友凌晓岚等，相见契惬否？气势、识度、情韵、趣味四者，偶思邵子四象之说可以分配，兹录于别纸。尔试究之。

涤生手示

同治四年六月十九日

115. 谕纪泽

字谕纪泽儿:

二十三日接尔十七日禀,并汪刻《公羊》、陈刻《后汉书》、茶叶、腊肉等事具悉。二十四日接奉寄谕,知沅叔已简授山西巡抚。谕旨咨少泉宫保处,尔可借阅。沅叔闰五月初六至十四之病,不知此时全愈否? 余须寄信嘱其北上陛见之便,且至徐州兄弟相会。

陈刻《二十四史》颇为可爱,不知其错字多否?《几何原本》可先刷一百部。曾恒德无事亦可来营。余又有取阅之书,可令滕中军派兵送来,录如别纸。

《刘禹锡集》《王昌龄集》《张籍集》,右三种于全唐诗内抽出寄来(刘集有单行本否? 试问子偲丈)。唐四家诗选(王、孟、韦、柳四本)。《易经纂言》《诗经纂言》,右二种《吴文正公(澄)集》中有之,《通志堂经解》中亦有之,兹取吴集本。

涤生手示

同治四年六月二十五日

116. 谕纪泽、纪鸿

字谕纪泽、纪鸿儿：

二十七日接尔等各一禀，六月二日专兵至，接纪泽一禀，具悉一切。福秀之病大愈，至以为慰。福秀好吃零星东西而不甚爱饭，盖胃火强而脾土弱。胃强则贪食，脾弱则难化，难化则积滞而生疾。今不能强其多吃饭，却当禁其多食零物。食有节，则脾以有恒而渐强矣。泽儿于陶诗之识度不能领会，试取《饮酒》二十首、《拟古》九首、《归田园居》五首、《咏贫士》七首等篇反复读之，若能窥其胸襟之广大，寄托之遥深，则知此公于圣贤豪杰皆已升堂入室。尔能寻其用意深处，下次试解说一二首寄来。

又问有一专长，是否须兼三者乃为合作。此则断断不能。韩无阴柔之美，欧无阳刚之美，况于他人而能兼之？凡言兼众长者，皆其一无所长者也。鸿儿言此表范围曲成，横竖相合，足见善于领会。至于纯熟文字，极力揣摩固属切实工夫，然少年文字，总贵气象峥嵘，东坡所谓蓬蓬勃勃如釜上气。古文如贾谊《治安策》、贾山《至言》、太史公《报任安书》、韩退之《原道》、柳子厚《封建论》、苏东坡《上神宗书》，时文如黄陶庵、吕晚村、袁简斋、曹寅谷，墨卷如《墨选观止》《乡墨精锐》中所选两排三迭之文，皆有最盛之气势。尔当兼在气势上用功，无徒在揣摩上用功。大约偶句多，单句少，段落多，分股少，莫拘场屋之格式。短或三五百字，长或八九百字、千余字，皆无不可。虽系"四书"题，或用后世之史事，或论目今之时务，亦无不可。总须将气势展得开，笔仗使得强，乃不至于束缚拘滞，愈紧愈呆。

嗣后尔每月作五课揣摩之文，作一课气势之文。讲揣摩者送师阅改，讲气势者寄余阅改。四象表中，惟气势之属太阳者，最难能而可贵。古来文人虽偏于彼二者，而无不在气势上痛下工夫。两儿均宜勉之。五十金、十六金兹交来卒带去。邵宅事、赵宅屋事，均办公牍矣。西序下次带回。此嘱。

涤生手示
同治四年七月初三日

117.谕纪泽、纪鸿

字谕纪泽、纪鸿儿：

初七日接初一日禀，具悉一切。书收到。《诗经纂言》系误记吴有。是书非指《书经》言也。《中山集》，偶一询及莫偲翁，即有是物，可谓富极。尔试再询《刘文房集》，邵亭叟宁更有之乎？

曾恒德将来大营，拟派潘文质至金陵公馆照料。欧阳晖之替手，尚未得人。

纪鸿作字，笔画须粗，墨气须浓。闻李宫保处幕友过二十人，信否？纪泽尚旬旦往谒谈否？宫保与余同寅，尔等不可恃有世谊，全用雁□之礼，须于和霭之中常露恭谨之意。此嘱。

涤生手示

同治四年七月初八日

118. 谕纪泽

字谕纪泽儿：

十二日接尔初八日禀，具悉一切。福秀之病，全在脾亏。余前信已详言之。今闻晓岑先生峻补脾胃，似亦不甚相宜。凡五藏极亏者，皆不受峻补也。尔少时亦极脾亏，后用老米炒黄，熬成极酽之稀饭，服之半年，乃有转机。尔母当尚能记忆。金陵可觅得老米否？试为福秀一服此方。开生到已数日，元徵信接到，兹有复信，并邵二世兄信。尔阅后封口交去。渠需银两，尔陆续支付可也。

《义山集》似曾批过，但所批无多。余于道光二十二、三、四、五、六等年，用胭脂圈批。唯余有丁刻《史记》（六套在家否）、王刻韩文（在尔处）、程刻韩诗（最精本）、小本杜诗、康刻《古文辞类纂》（温叔带回，霞仙借去）、《震川集》（在季师处）、《山谷集》（在黄恕皆家）首尾完毕，余皆有始无终，故深以无恒为憾。近年在军中阅书，稍觉有恒，然已晚矣。故望尔等于少壮时即从有恒二字痛下工夫。然须有情韵、趣味，养得生机盎然，乃可历久不衰。若拘苦疲困，则不能真有恒也。

密禀悉，当细察耳。

涤生手示
同治四年七月十三日

正封缄间，又接泽儿初九日禀。小孩病尚未好。尔母泄泻，系脾虚火亏。昔年在京服重剂黄芪参术，此后不宜日日服药，服则补火补气。内银钱所房屋尽可退还侪山租钱。李宫保处宜旬一往，幕中陈、凌、蒋、陈等皆熟人也。又示。

同治四年七月十四日申刻

119. 谕纪泽

字谕纪泽儿：

　　接尔十二日禀，惊悉邵夫人于是日仙逝。家运之坏，乃至斯极，闻之酸鼻。现令其婿郑兴仪即日由临淮回金陵，与邵顺国共扶其母与兄之灵柩送至杭州安葬，并葬位西衣冠之柩，合为一冢。余以二百金交郑世兄带回，内以六十金为邵太太殡敛之资，以百四十金为船钱、途费及葬埋之资，余为作一墓志及刻工石价在外。郑世兄不能带家眷，只好接邵小姐在余署宅小住二三月，待邵、郑回金陵后再移他处。尔先将各情告之李宫保，余随后再当函托也。位西先生夫妇生卒年月及他事实并子龄事实生卒，就邵二世兄所知者，尔问明写一节略寄来。此嘱。

　　郑世兄信寄去。

涤生手示

同治四年七月十五日

120. 谕纪泽

字谕纪泽儿：

　　十六日专兵至，接尔初十日一禀并季公墓志五分。廉昉在京久有名医之目，福秀之病，或可奏效。郑兴仪定于十六日起行回金陵。余给之二百金，为邵宅敛殡、途费及并葬之棺之用，郑又在台支三月薪水六十金，一切可期优裕。余拟于廿三四赴徐，金权□□□临淮，将来一直至徐。□□□□艰□，写信与朱心樵，请其派人专送或稍易耳。□□何以无禀？松生亦宜常常具禀。此嘱。

　　　　　　　　　　　　　　　　　　　涤生手示
　　　　　　　　　　　　　　　　　同治四年七月十七日

121. 谕纪泽

字谕纪泽儿：

　　兹因禹级七回金陵之便，带去陈刻《后汉书》三函查收。《明史》有殿版初印者，在家中否？金陵有甘子大所送《明史》，纸印皆劣，有解饷之便寄来，无便则不必也。

涤生手示
同治四年七月十九日

122. 谕纪泽、纪鸿

字谕纪泽、纪鸿儿：

七月二十四日接泽儿十九日之禀、鸿儿十四日之禀并诗文一首。八月初二接泽儿二十八日一禀并郭云仙^①姻丈与尔之信，具悉一切。其二十六日专兵之禀尚未到也。

郭宅姻事，吾意决不肯由轮船海道行走。嘉礼尽可安和中度，何必冒大洋风涛之险？至成礼或在广东，或在湘阴，须先将我家或全眷回湘，或泽儿夫妇送妹回湘，吾家主意定后，而后婚期之或迟或早可定，而后成礼之或湘或粤亦可定。

吾既决计不回江督之任，而全眷犹恋恋于金陵，不免武仲据防之嫌，是尔母及全眷早迟总宜回湘，全眷皆须还乡，四女何必先行？吾意九月间，尔兄弟送家属悉归湘乡。经过省城时，如吉期在半月之内，或尔母亲至湘阴一送亦可。如吉期尚遥，则纪泽夫妇带四妹在长沙小住，届期再行送至湘阴成婚。

至成礼之地，余意总欲在湘阴为正办。云仙姻丈去岁嫁女，既可在湘阴由意城主持，则今年娶妇，亦可在湘阴由意城主持。金陵至湘阴近三千里，粤东至湘阴近二千里。女家送三千，婿家迎二千，而成礼于累世桑梓之地，岂不尽美尽善？尔以此意详复筠仙姻丈一函，令崔成贵等由海道回粤。余亦以此意详致一函，由排单寄去，即以此信为定。喜期

---

① 郭云仙：郭嵩焘，筠仙是其字，云仙是其号，湘军创建者之一。书中出现的云仙、筠仙实为同一人。

定用十二月初二日，全眷十月上旬自金陵启行，断不致误。如筠仙姻丈不愿在湘阴举行，仍执送粤之说，则我家全眷暂回湘乡，明年再商吉期可也。

郭宅送来衣服、首饰及燕菜、马褂之类全数收领，途费四百则交来使带回，无庸收存。此间送女途费理应自备也。崔巡捕、杨仆各给银四十两，但用余名写书一封答之。其喜期之书帖，待湘阴成礼时再办。

鸿儿之文气势颇旺，下次再行详示。尔母须用茯苓，候至京之便购买。余以二十四日自临淮起行，十日无雨，明日可到临徐州矣。途次平安，勿念。

涤生手示

同治四年八月初三日

再，尔复云仙姻叔之信，或将余此□□信抄一稿附去。或不抄，尔兄弟酌之。余决计不由海道行走，如必欲送粤，余不甚坚执也，但心以湘阴为宜耳。陈舫仙寄到在京见闻密件，兹抄寄尔阅，秘之。朱金权远来，似不便阻其来徐，只好听之。又示。

123. 谕纪泽

字谕纪泽儿：

八月十一日接尔七月二十五、八月初三日禀二件，知王长胜有中途被抢之事，不知初六又派人送信否？邵世兄开来行略等件收到，位西先生遗文亦阅过。本月当作墓铭，出月亲为书写，仍付金陵，交刻季公铭之张氏兄弟钩刻。大约刊刻拓印须三个月工夫，年底乃可蒇事。尔告邵子晋急急返杭料理葬事，以速为妙。此石不宜埋藏土中，将来或藏之邵氏家庙，或嵌之邵家屋壁，或一二年后，于墓之址丈余另穿一小穴补行埋之亦无不可。此次不可待碑成再定葬期也。

科四进学在四十二名，其下尚有三名。余于八月六日送去贺礼银五十两，横批写格言一幅。尧阶之世兄贺仪二十两亦已付去。尔九叔祖母生日，不便由余处寄礼，由尔母寄去为妥。

潘文质即日坐舢板回金陵，此间有高丽参三斤带去，亦可用以配礼。余以初四抵徐，一切平安。九叔自闻抚晋之命已来过信三次，兹封寄尔等一阅。余不多及。

前初三日信全家回湘之说，尔母子议定否？若不愿遽归，迅速具禀来商。郭家如应允在湘阴成婚，则当依其十二月初二日之期，不可更改。或全家同行，或仅尔夫妇送去，总须在重阳前定局也。又示。

袁勿斋求挽联、书序，实无暇为之，尔婉辞之可也。

涤生手示

同治四年八月十三日

153

124. 谕纪泽

字谕纪泽儿：

兹因潘文质回金陵，寄去鹿胶二斤、高丽参三斤，并冬菜、口蘑等物，查收。又付《全唐诗》四本，即六月间取来者。恐其遗失，故寄回，归于全部之中。

王船山先生《书经稗疏》三本、《春秋家说序》一薄本，系托刘韫斋先生在京城文渊阁抄出者。尔可速寄欧阳晓岑丈处，以便续行刊刻。刘松山前借去鄂刻地图七本，兹已取回。尚有二十六本在金陵，可寄至大营，配成全部（此书金陵寓中尚有十余部，尔珍藏之，将来即以前代之图用朱笔写于此图之上）。

《全唐文》太繁，而郭慕徐处有专集十余种，其中有《韩昌黎集》，吾欲借来一阅，取其无注，便于温诵也。又《文献通考》（吾曾点过田赋、钱币、户口、职役、征榷、市籴、土贡、国用、刑制、舆地等门者）、《晋书》、《新唐书》（要殿本，《晋书》兼取李芋仙送毛刻本）均取来，以便翻阅。《后汉书》亦可带来（殿本）。冬春皮衣均于此次舢板带来（缺衿者一裹圆者皆要，袍褂不要）。此嘱。

滌生手示
同治四年八月十九日

125. 谕纪泽、纪鸿

字谕纪泽、纪鸿儿：

二十日马得胜至，接尔十一日禀暨尔母一函、松生一函，均悉。家眷旋湘，应俟接筠仙丈复信乃可定局。余意姻期果定十二月初二，则泽儿夫妇送妹先行，至湘阴办喜事毕，即回湘乡，另觅房屋。觅妥后，写信至金陵，鸿儿奉母并全眷回籍。若婚期改至明年，则泽儿一人回湘觅屋，冢妇及四女皆随母明年起程。

黄金堂之屋，尔母素不以为安，又有塘中溺人之事，自以另择一处为妥。余意不愿在长沙住，以风俗华靡，一家不能独俭。若另求僻静处所，亦殊难得，不如即在金陵多住一年半载亦无不可。泽儿回湘与两叔父商，在附近二三十里觅一合式之屋，或尚可得。星冈公昔年思在牛栏大丘起屋，即鲇鱼坝萧祠间壁也。不知果可造屋，以终先志否？又油铺里系元吉公屋，犁头嘴系辅臣公屋，不知可买庄兑换或借住一二年否？富圫可移兑否？尔禀商两叔，必可设法办成。尔母既定于明年起程，则松生夫妇及邵小姐之位置，新年再议可也。

近奉谕旨，饬余晋驻许州。不去则屡违诏旨，又失民望；遽往则局势不顺，必无成功。焦灼之至。余不多及。

再，泽儿前寄到之《几何原本序》尽可用得，即由壬叔处照刊，不必待批改也。末书某年月曾□□，不写官衔，不另行用宋字，不另写真行书。

涤生手示

同治四年八月二十一日

126. 谕纪泽

字谕纪泽儿：

　　三十日成鸿纲到，接尔八月十六日禀。具悉尔十一后连日患病，十六尚神倦头眩，不知近已全愈否？吾于凡事皆守"尽其在我，听其在天"二语，即养生之道亦然。体强者，如富人因戒奢而益富；体弱者，如贫人因节啬而自全。节啬非独食色之性也，即读书用心，亦宜检约，不使太过。余八本匾中，言养生以少恼怒为本。又尝教尔胸中不宜太苦，须活泼泼地，养得一段生机，亦去恼怒之道也。既戒恼怒，又知节啬，养生之道已尽其在我者矣。此外寿之长短，病之有无，一概听其在天，不必多生妄想去计较他。凡多服药饵，求祷神祇，皆妄想也。吾于医药、祷祀等事，皆记星冈公之遗训，而稍加推阐，教示后辈。尔可常常与家中内外言之。尔今冬若回湘，不必来徐省问，徐去金陵太远也。朱金权于初十内外回金陵，欲伴尔回湘。

　　近日贼犯山东，余之调度，概咨少泉宫保处。澄、沅两叔信附去查阅，不须寄来矣。此嘱。

涤生手示

同治四年九月初一日

127. 谕纪泽、纪鸿

字谕纪泽、纪鸿儿：

自成鸿纲于八月杪来，接泽儿十六日一禀后，未接续信，不知尔病有翻复否？殊深悬系。

潘文质八月十九自徐回金陵，此时想已早到。炮船接衣服者不知起行北来否？日内已骤寒矣。山东之贼尚在郓城、巨野等处，潘军亦未开仗。临淮各营于初五日到此。张树珊军初六日自徐赴东。

余身体平安，公事较之在金陵时减去一半，稍得安闲。霞仙亲家于部议降调后，闻瑞、罗两星使别无贬词。舫仙信中有一片，抄寄尔阅。余左辅上壮齿动摇，计将辞去矣。

涤生手示

同治四年九月初七日

128. 谕纪泽

字谕纪泽儿:

重九日接尔二十六日一禀,并姜豆等物,具悉一切。专兵走信太慢,仍由清江一路坐船而来,无谓之至。凡督抚送要信之戈什哈专兵等,若发一护照牌,准用经过州县之驿马,则每日应走二百数十里,与折差相似。李宫保闰五月初六日专一人来,初八早便至宝应是也。即不准用驿马,每日亦应行百一二十里。由金陵至徐州不过限七八天到。笨重东西如木匣之类概不可带,惟小包袱可背负于马上者可带少许。以后再派其来,亦须与之订八日之限。否则,竟借李宫保官封为便。

尔病未全愈,余日内深为系念。不服药极是。邓寅皆先生之不药不饭亦良法也。子佩处兹寄祭幛一悬、赙仪二百金、回信一封,由二兵带归,尔交周少君手。南旋之说,待接得郭宅复信,如四女果于十二月二日成婚,则尔带三、四两妹先归,待新屋修妥后,明年早则三月,迟则七八月再接全眷还湘。澄叔信言富圫易商,则修葺亦易耳。尔岳丈业经降调,郭云丈亦有严旨申饬。顷奉寄谕,欲令李宫保赴河南之西路剿贼,大约一二月内局势又将变更。付去京报数本、王聂寄尔信件照收。余不多嘱。

涤生手示
同治四年九月初十夜

158

129. 谕纪泽

字谕纪泽儿：

　　初十日一信交二兵带去，是日钱子密回金陵。渠以家口太众，薪资无余，求余札金陵粮台每月仍送渠家银若干，以佐菽水之需。余以幕友告假辞出者颇多，向无仍在粮台支银之例，未允给札，而许以私信，稍为伙助。既曰伙助，则可不用公文。尔与伊卿商，或在家发，或在台发（尔见子密即告之），每月致送三十金（以五个月为率），将来概由徐州寄还归款可也。子佩之二百，粤使之八十，地球之六十，均将由徐寄去。此外尚有应寄者否？沅叔寄尔及钱赵信、纪瑞呈余信寄去。方世兄地球图说，余与开生加签。兹付去，可转交也。此嘱。

涤生手示

同治四年九月十二日

130. 谕纪泽

字谕纪泽儿：

　　十七日接尔初十日禀，知尔病三次翻复，近已全愈否？舢板尚未到徐，而此间群贼萃于铜、沛二县，攻破民圩颇多，与微山湖相近，湖中水浅，近郡处又窄，舢板或畏贼不欲进耶？马步贼约六七万，火器虽少而剽悍异常，看来凶焰尚将日长。吾已定与贼相终始，故亦安之若素。

　　文辅卿自京来此，言近事颇详。九叔浮言渐息，霞仙虽降调，而物望尚好。筱仙众望较减，天眷亦甚平平。顷接筱信，婚期已改明年，然则尔今冬亦可不回湘矣。原信抄去一阅。尔母健饭，大慰大慰。

涤生手示

同治四年九月二十二日

131. 谕纪泽

字谕纪泽儿：

二十四日接尔十一日禀，并耆、术、附子收到。此间有马榖山送龙井茶十二瓶，陈小浦所买之茶应全留金陵。莫偲老带来之二瓶，如有便，拟带寄澄、沅叔也。精茗及各药物以后当交内银钱所收，辽参则交王芝圃收。贺胜臣现进京递折子，黄齐昂即日出外管带马队矣。

兹将邵位西墓铭付回。其兄之名空二字，尔可填写，交匠人钩摹刊刻。季公墓铭，匠人刻出太时俗，无深厚之意，余字尚不如是薄也。尔可教张氏二匠，用刀须略明行气之法。刀下无气，则顺修逆描，全失劲健之气矣。

《几何原本序》付去照收。余十九日复奏李公入洛、李丁迭迁一疏，尔可至李宫保署查阅。

此间带来之笔墨甚少，尔命曾文煜捡各种笔墨二十余支、十余笏，便中付来。此嘱。

涤生手示

同治四年九月二十五日

132. 谕纪泽、纪鸿

字谕纪泽、纪鸿儿：

二十六日接纪泽二十日排递之禀，纪鸿初六日舢板带来禀件、衣、书，今日派夫往接矣。李老太太病势颇重，近日略愈否？深为系念。泽儿肝气痛病亦全好否？尔不应有肝郁之症。或由元气不足，诸病易生，身体本弱，用心太过。上次函示以节啬之道，用心宜约，尔曾体验否？张文端公（英）所著《聪训斋语》，皆教子之言，其中言养身、择友、观玩山水花竹，纯是一片太和生机，尔宜常常省览。鸿儿体亦单弱，亦宜常看此书。吾教尔兄弟不在多书，但以圣祖之《庭训格言》（家中尚有数本）、张公之《聪训斋语》（莫宅有之，申夫又刻于安庆）二种为教，句句皆吾肺腑所欲言。

以后在家则莳养花竹，出门则饱看山水，环金陵百里内外，可以遍游也。算学书切不可再看，读他书亦以半日为率。未刻以后，即宜歇息游观。古人以惩忿窒欲为养生要诀，惩忿即吾前信所谓少恼怒也，窒欲即吾前信所谓知节啬也。因好名好胜而用心太过，亦欲之类也。药虽有利，害亦随之，不可轻服。切嘱。

此间派队于二十八日出剿，初一二可以见仗。十九日折奉旨留中，暂无寄谕。尔可先告李宫保也。余不多及。

涤生手示

同治四年九月晦日

133. 谕纪泽

字谕纪泽儿：

初三夜蒋大春到，接尔二十六日早一禀。具知李老太太病已痊愈，尔病亦好，慰慰。此间之贼于二十九日稍与徐郡派出之马队接仗，其夜即窜萧县，初一二日窜又渐远，现尚不知果窜何处。各兵既力求宽限，以后即限九日，以八百里之程，每日仅走九十里，并非强人所难。仍须立一课程：早到一日赏三百，早二日赏六百；迟一日打四十，二日打八十革去。

张文端公《聪训斋语》兹付去二本，尔兄弟细心省览，不特于德业有益，实于养生有益。

余身体平安，惟精神日损，老景逐增，而责任甚重，殊为悚惧。余不多及。

涤生手示
同治四年十月初四日

134. 谕纪泽、纪鸿

字谕纪泽、纪鸿儿：

十四日接尔初四日禀并贺寿各帖，具悉一切。邮封最慢，不如借李宫保移封，或借雨亭、省三、眉生申封，皆可迅速。每次借十个，填写完毕，两月后再借可也。

贼自初三、四两日在丰县为潘军所败，仓皇西窜。行至宁陵，又为归德周盛波一军所败。据擒贼供称将窜湖北，不知确否？此间俟幼泉游击之师办成，除四镇大兵外，尚有两支大游兵，尽敷剿办。但求朱、唐、金军遣撤不生事变，则诸务渐有归宿矣。

泽儿身体复元，思来徐州省觐。余拟于今冬至曹、济、归、陈四府巡阅地势，现尚未定，尔暂不必来。如余不赴齐、豫，尔至十二月十五以后前来徐州，侍余度岁可也。彭笛仙在粮台，尔常相见否？其学问长处究竟何如？《聪训斋语》，余以为可却病延年。尔兄弟与松生、慕徐常常体验否？可一禀及。此嘱。

涤生手示

同治四年十月十七日

135. 谕纪泽、纪鸿

字谕纪泽、纪鸿儿：

十八日接泽儿十一夜禀并笔墨二包。余日内偶忘写信，故戍国治未得速归。二十二日又接尔十一日禀。余近日身体平安。捻匪自窜河南后，久无消息。十九日之折，顷接寄谕，业经照准。

明年寓中请师。顷桐城吴汝纶（挚甫）来此，渠以本年连捷，得内阁中书，告假出京。余劝令不必遽尔进京当差，明年可至余幕中专心读书，多作古文。因拟请其父吴元甲号育泉者至金陵教书，为纪鸿及陈婿之师。育泉以廪生举孝廉方正，其子汝纶，系一手所教成者也。挚甫闻此言欣然乐从，归告其父，想必允许。惟澄、沅叔已答应将富圫让与我家居住，明岁将送全眷回湘，吴来金陵，恐非长久之局。挚甫由徐赴金陵，余拟派差官送之。尔可与之面商一切。

沈戟门先生今冬可辞谢也。邵铭既难遽刻，拟换写后半。琦、赛两名之下各添一公字，便中寄来。滕将薪水单阅过，可照此发。鸿儿每十日宜写一禀，字宜略大，墨宜浓厚。此嘱。

涤生手示

同治四年十月二十四夜

136. 谕纪泽

字谕纪泽儿:

十一月初五宛庆荣至,接尔二十六日一禀,具悉一切。

彭宫保尚在安庆,松生陪王益梧去,恐无所遇,抑别有他营耶?河南吴中丞疏称豫省情形万难,供职无状,请另简贤能。谕旨又催移营,现因湖团一案关系极大,必须在徐料理,新年即将移驻河南之周家口。尔可于腊月来徐省觐,随同度岁。由金陵坐船至清江,清江雇王家营轿车来徐,余派弁至清江迎接。大约水陆不过十二三日程耳。季荃无病,何必托词不来?

《聪训斋语》俟觅得再寄。余前信欲乞慕徐斋头《全唐文》残本中韩文一种,尔曾与慕徐说及否?《明史》亦未带来。其时尔疾未痊,鸿儿看信或不细心。尔腊月来营,可将此二书带来。《明史》即将陈刻本带来亦可。王氏《广雅疏证》可附带也。

尔岳霞仙先生因杨厚庵代陕绅奏留,仍抚秦中。金陵已见邸抄否?余不及。

涤生手示

同治四年十一月初六日申刻

137. 谕纪泽、纪鸿

字谕纪泽、纪鸿：

　　十一日接泽儿初六日排单一函，十七日午刻接专兵杨锦荣送到尔二人信函。泽儿信面注十一日，则杨弁七日即到，已照格赏钱千八百文矣。《广雅》、邵铭收到。郭家韩文既缺四卷，即不必带来。尔母之信欲令泽儿夫妇先归，而自带鸿儿留金陵，以便去余稍近，声息易通。余明年正月即移驻周家口，该处距汉口八百四十里，距长沙一千六百余里，距金陵亦一千三百余里。两边皆系陆路，通信于金陵，与通信于长沙，其难一也。泽儿来此省觐，送余移营起程后即回金陵。全眷仍以三月回湘为妥。吴育泉正月上学，教满两月，如果师弟相得，或请之赴湖南，或令纪鸿、陈婿随吴师来余营读书亦无不可。家中人少，不宜分作两处住也。

　　余日来核改水师章程，将次完竣。惟提镇以下至千把，每年各领养廉若干，此间无书可查，泽儿可翻《会典》，查出寄来（难抄许多，将书数本折角寄）。凡经制之现行者查典，凡因革之有由者查事例。武职养廉，记始于乾隆四十七年补足名粮案内。文职养廉，记始于雍正五年耗羡归公案内。尔细查武养廉数目，即日先寄。又提督之官，见《明史·职官志》都察院条内，本与总督、巡抚等官皆系文职而带兵者，不知何时改为武职。尔试翻寻《会典》，或询之凌晓岚、张啸山等，速行禀复。

　　向伯常十一日得病，十八日午时去世。笃行好学，极可悯也。余不悉。

　　　　　　　　　　　　　　　　　　　涤生手示
　　　　　　　　　　　　　　　　　　　同治四年十一月十八日

138. 谕纪泽

字谕纪泽儿：

　　二十日成巡捕来，接尔十月二十□日禀及尔母一函。二十四日接尔二十日禀，系善后局排单递来。二十八日接尔二十二日信，系蒋大春赍到，并《会典》五册、《明史》一册。国初提督尚文武兼用，厥后专用武职，不知始于何时。前明有挂印总兵，以总兵而挂平西将军、征南将军等印。国朝总兵亦间存挂印之名，而实无真印，不知何年并挂印之名而去之。尔试问刘伯山能记之否。水师章程定于十二月出奏。如其查不出，亦不要紧，凡办事不必定讲考据也。

　　薛世香业由徐州经过回豫。其祭幛等，尔不必带来徐州，可交李宫保，托其寄长洲县蒯令转寄薛处。沈师放学时，可送八金以为节敬。渠明年既未定馆，尔可商之李宫保，求派入忠义局。容闳所送等件如在二十金以内，即可收留，多则璧还为是。尔来徐州，初十后即可起程。余于十二三派员至清江接护。北徐严寒，甚于金陵。尔最畏寒，宜有以筹备之。或谓洋绒作棉袄棉裤之里最暖，但棉不宜厚。尔至扬州买三四丈带来。余不悉。

涤生手示

同治四年十一月二十九日

139. 谕纪泽

字谕纪泽儿：

十二月二日接尔十一月二十八日一禀，知尔母又患胃脘痛症。晓岑丈后果来否？轮船行走虽易，自瓜口至扬尚有五十里，亦不易行。尔母之病体略与尔祖母江太夫人相似，总不外姜、附、耆、术、丽参之属即可奏效。若熬党参膏终年调理，必有大益。

尔初十以后起程来徐，系坐长龙否？寒衣似须增加，徐州之寒甚于金陵，今年雪极多且大也。余不悉告。

涤生手示

同治四年十二月初三日

140. 谕纪鸿

字谕纪鸿：

尔学柳帖《琅琊碑》，效其骨力，则失其结构，有其开张，则无其挽搏。古帖本不易学，然尔学之尚不过旬日，焉能众美毕备，收效如此神速？

余昔学颜、柳帖，临摹动辄数百纸，犹且一无所似。余四十以前在京所作之字，骨力间架皆无可观，余自愧而自恶之。四十八岁以后，习李北海《岳麓寺碑》，略有进境，然业历八年之久，临摹已过千纸。今尔用功未满一月，遂欲遽跻神妙耶？余于凡事皆用困知勉行工夫，尔不可求名太骤，求效太捷也。以后每日习柳字百个，单日以生纸临之，双日以油纸摹之。临帖宜徐，摹帖宜疾，专学其开张处。数月之后，手愈拙，字愈丑，意兴愈低，所谓困也。困时切莫间断，熬过此关，便可少进。再进再困，再熬再奋，自有亨通精进之日。不特习字，凡事皆有极困极难之时，打得通的，便是好汉。余所责尔之功课，并无多事，每日习字一百，阅《通鉴》五页，诵熟书一千字（或经书或古文、古诗，或八股试帖，从前读书即为熟书，总以能背诵为止，总宜高声朗诵），三八日作一文一诗。此课极简，每日不过两个时辰即可完毕，而看、读、写、作四者俱全。余则听尔自为主张可也。

尔母欲与全家住周家口，断不可行。周家口河道甚窄，与永丰河相似，而余住周家口亦非长局，决计全眷回湘。纪泽俟全行复元，二月初回金陵。余于初九日起程也。此嘱。

同治五年正月十八日

170

141. 谕纪鸿

字谕纪鸿：

日内未接尔禀，想阖寓平安。余定以二月九日由徐州起程，至山东济兖、河南归陈等处，驻扎周家口，以为老营。纪泽定于初一日起程，花朝前后可抵金陵，三月初送全眷回湘。

尔出外二年有奇，诗文全无长进，明年乡试，不可不认真讲求八股试帖。吾乡难寻明师，长沙书院亦多游戏征逐之习，吾不放心。尔至安黄后，可与方存之、吴挚甫同伴，由六安州坐船至周家口，随我大营读书。李申夫于八股试帖最善讲说。据渠论及，不过半年，即可使听者欢欣鼓舞、机趣洋溢而不能自已。尔到营后，弃去一切外事，即看《鉴》、临帖、算学等事皆当辍舍，专在八股试帖上讲求。丁卯六月回籍乡试，得不得虽有命定，但求试卷不为人所讥笑，亦非一年苦功不可。

同治五年正月二十四日

142. 谕纪鸿

字谕纪鸿：

　　凡作字总要写得秀。学颜、柳，学其秀而能雄；学赵、董，恐秀而失之弱耳。尔并非下等姿质，特从前无善讲善诱之师，近来又颇有好高好速之弊。若求长进，须勿忘而兼以勿助，乃不致走入荆棘耳。

　　　　　　　　　　　　　同治五年二月十八日，兖州行次

143. 谕纪泽、纪鸿

字谕纪泽、纪鸿儿：

二十日接纪泽在清江浦、金陵所发之信。二十二日李鼎荣来，又接一信。二十四日又接尔至金陵十九日所发之信。舟行甚速，病亦大愈为慰。老年来始知圣人教孟武伯问孝一节之真切。尔虽体弱多病，然只宜清净调养，不宜妄施攻治。庄生云："闻在宥天下，不闻治天下也。"东坡取此二语，以为养生之法。尔熟于小学，试取在宥二字之训诂体味一番，则知庄、苏皆有顺其自然之意。养生亦然，治天下亦然。若服药而日更数方，无故而终年峻补，疾轻而妄施攻伐，强求发汗，则如商君治秦、荆公治宋，全失自然之妙。柳子厚所谓名为爱之其实害之，陆务观所谓天下本无事庸人自扰之，皆此义也。东坡游罗浮诗云："小儿少年有奇志，中宵起坐存黄庭。"下一存字，正合庄子在宥二字之意。盖苏氏兄弟父子皆讲养生，窃取黄老微旨，故称其子为有奇志。以尔之聪明，岂不能窥透此旨？余教尔从眠食二端用功，看似粗浅，却得自然之妙。尔以后不轻服药，自然日就壮健矣。

余以十九日至济宁，即闻河南贼匪图窜山东，暂住此间，不遽赴豫。贼于二十二日已入山东曹县境，余调朱星槛三营来济护卫，腾出潘军赴曹攻剿。须俟贼出齐境，余乃移营西行也。

尔侍母西行，宜作还里之计，不宜留连鄂中。仕宦之家，往往贪恋外省，轻弃其乡，目前之快意甚少，将来之受累甚大。吾家宜力矫此弊。余不悉。

李眉生于二十四日到济宁相见矣。四叔、九叔寄余信二件寄阅。他人寄纪泽信四件、王成九信一件，查收。

涤生手示
同治五年二月二十五日

144. 谕纪泽

字谕纪泽：

全眷起行已定十七、二十六两日，当可从容料理。得沅叔二月十三日信，定于三月初间赴鄂履任。尔等到鄂，当可少为停留。贼在山东，余须留于济宁就近调度，不能遽至周家口。纪鸿儿过安庆时，不可轻赴周口，且随母至湖北，再行定计。尔过安庆，往拜吴挚甫之父稌泉翁，观其言论风范，果能大有益于鸿儿否？如其蔼然可亲，尔兄弟即定计请之，同船赴鄂，即在沅叔署中读书。若余抵周家口，距汉口八百四十里，纪鸿省觐尚不甚难。尔则奉母还乡，不必在鄂久住。

金陵署内木器之稍佳者不必带去，余拟寄银三百，请澄叔在湘乡、湘潭置些木器送于富坨，但求结实，不求华贵。衙门木器等物，除送人少许外，余概交与房主姚姓、张姓，稍留去后之思。

同治五年三月初五日

145. 谕纪泽、纪鸿

字谕纪泽、纪鸿：

　　顷据探报，张逆业已回窜，似有返豫之意。其任、赖一股锐意东来，已过汴梁，顷探亦有改窜西路之意。如果齐省一律肃清，余仍当赴周家口，以践前言。

　　雪琴之坐船已送到否？三月十七果成行否？沿途州县有送迎者，除不受礼物、酒席外，尔兄弟遇之，须有一番谦谨气象，勿恃其清介而生傲惰也。余近年默省之勤、俭、刚、明、忠、恕、谦、浑八德，曾为泽儿言之，宜转告与鸿儿，就中能体会一二字，便有日进之象。泽儿天质聪颖，但嫌过于玲珑剔透，宜从浑字上用些工夫。鸿儿则从勤字上用些工夫。用工不可拘苦，须探讨些趣味出来。

　　余身体平安，告尔母放心。此嘱。

同治五年三月十四夜，济宁州

146. 谕纪泽、纪鸿

字谕纪泽、纪鸿儿：

日内未接来禀，不知十七日业已成行否？十日发信一次，使余放心，自不可少。自金陵起借用善后局封，过安庆后借竹庄封，至两湖则用沅叔暨李筱泉封可也。尔前禀问《二十四史》《五礼通考》之外更须何书，《大学衍义》、《行义补》及《皇朝职官表》六套亦可交竹庄觅便寄来。

此间军事惟运河之沈口一带最为吃紧，余则守局尚稳。昨有复吴仲仙一函抄寄尔阅。沅叔将富圫兑与我住，又多出田一百余亩。兹将各信寄尔等看。道途太远，可不必带回大营矣。余身体平善。所最虑者，恐贼窜过运河，则济宁省城与曲阜孔林皆可危耳。沅叔拟住襄阳，大约俟尔母子过后再出省也。

袁秉桢在徐州粮台扯空银六百两，行事日益荒唐。顷令巡捕传谕，以后不许渠见我之面，入我之公馆。渠未婚而先娶妾，在金陵不住内署，不入拜年，既不认妻子，不认岳家矣，吾亦永远绝之可也。大女送至湘潭袁宅，不可再带至富圫，教之尽妇道。二女究留金陵否，前信尚未确告，想有禀续陈矣。

涤生手示

同治五年三月十九日

147. 谕纪泽、纪鸿

字谕纪泽、纪鸿儿：

四月十日，接尔二人在裕溪口所发禀，二十二日接纪泽在安庆一信，二十四日接纪泽在九江所发信，知沿途清吉为慰。此时想已安抵湖北。沅叔恩明谊美，必留全眷在湖北过夏。余意业已回籍，即以一直到家为妥。

富圫房屋如未修完，即在大夫第借住。纪鸿即留鄂署读书。世家子弟既为秀才，断无不应科场之理。既入科场，恐诗文为同人及内外帘所笑，断不可不切实用功。科六与黄宅生先生若来湖北，纪鸿宜从之讲求八股。湖北有胡东谷，是一时文好手。此外尚有能手否？尔可禀商沅叔，择一善讲者而师事之。

余尚不能遽赴周家口，申夫亦不能遽赴鄂中，道远而逼近贼氛。鸿儿不可冒昧来营，即在武昌沅叔左右苦心作诗文经策。

彭芳四来，已留用矣。

涤生手示

同治五年四月二十五日，济宁

148. 谕纪泽、纪鸿

字谕纪泽、纪鸿儿：

　　前接泽儿四月二十一日信，兹又接尔二人二十七日禀，知尔九叔母率全眷抵鄂，极骨肉团聚之乐。宦途亲眷本难相逢，乱世尤难。留鄂过暑，自是至情。

　　鸿儿与瑞侄一同读书，请黄宅生先生看文，恰与吾前信之意相合。屡闻近日精于举业者，言及陕西路闰生先生（德）《仁在堂稿》及所选仁在堂试帖、律赋、课艺无一不当行出色，宜古宜今。余未见此书，仅见其所著《桂花馆试帖》，久为佩仰。陕西近三十年科第中人，无不出闰生先生之门。湖北官员中想亦有之。纪鸿与瑞侄等须买《仁在堂全稿》《桂花馆试帖》悉心揣摩，如武汉无可购买，或折差由京买回亦可。

　　鸿儿信中拟专读唐人诗文。唐诗固宜专读，唐文除韩、柳、李、孙外，几无一不四六者，亦可不必多读。明年鸿、瑞两人宜专攻八股试帖。选仁在堂中佳者，读必手抄，熟必背诵。尔信中言须能背诵乃读他篇，苟能践言，实良法也。读《桂花馆试帖》，亦以背诵为要。对策不可太空。鸿、瑞二人可将《文献通考》序二十五篇读熟，限五十日读毕，终身受用不尽。既在鄂读书，不必来营省觐矣。余详初六日所送四月日记及九叔信中日记。

涤生手示

同治五年五月十一夜

149. 谕纪泽、纪鸿

字谕纪泽、纪鸿儿：

五月十八日接泽儿四月二十八日禀函，二十一日又接初七日信各一件并诗文，具悉一切。

尔母患头昏泄泻，自是阳亏脾虚之症，宜以扶阳补脾为主。近日高丽参易照浮火，辽参贵重不可多得，不如多服党参，亦有效验而无流弊。道光二十八年，尔母在京大病，脾虚发泻，即系重服参、术、蓍而愈。以大锅熬党参膏为君，每次熬十斤计。芾村身体最强，据云不服它药，惟每年以党参二十余斤熬膏常服，日益壮盛，并劝余常服此药。纪泽于看书等事似有过人之聪明，而于医药等事似又有过人之愚蠢。即如汗者，心之精液，古人以与精血并重。养生家惟恐出汗，有伤元气。泽儿则伤风初至即求发汗，伤风将愈尚求大汗。屡汗元气焉得不伤？腠理焉得不疏？又如服药以达荣卫，有似送信以达军营。治标病者似送百里之信，隔日乃有回信；治本病者似送三五百里之信，经旬乃有回信。泽儿则日更数方，譬之辰刻送信百里，午刻未回又换一信，酉刻未回再换一令。号令数更，军营将安所适从？方剂屡改，脏腑安所听命？以后于己病母病宜切记此二事。即沅叔脚上湿毒，亦宜戒克伐之剂，禁屡换之方。余近年学祖父星冈公夜夜洗脚、不轻服药，日见康强。尔与沅叔及诸昆弟能学之否？

宋生香先生文笔圆熟，尽可从游。鸿儿之文笔太平直，全无挂意。明年下场，深恐为同辈所笑。自六月以后，尔与纪瑞将各项工课渐停，专攻八股试帖，兼学经策。每月寄文六篇来营，断不可少。但求诗文略有可观，不使人讥尔兄弟案首是送情的，则余心慰矣。常仪庵治齿方无处检寻。余不悉。

朱劭卿领批须院试入学后乃可放心，深为悬系。

涤生手示

同治五年五月二十五日

150.谕纪泽、纪鸿

字谕纪泽、纪鸿儿：

六月六日接纪泽五月十七、二十六日两禀，具悉一切。沅叔足疼全愈，深可喜慰。惟外毒遽瘳，不知不生内疾否。

唐文李、孙二家，系指李翱、孙樵。八家始于唐荆川之文编，至茅鹿门而其名大定，至储欣同人而添孙、李二家。御选《唐宋文醇》亦从储而增为十家。以全唐皆尚骈俪之文，故韩、柳、李、孙四人之不骈者为可贵耳。

湘乡修县志，举尔纂修。尔学未成，就文甚迟钝，自不宜承认，然亦不可全辞。一则通县公事，吾家为物望所归，不得不竭力赞助；二则尔惮于作文，正可借此逼出几篇。天下事无所为而成者极少，有所贪、有所利而成者居其半，有所激、有所逼而成者居其半。尔纂韵抄毕，宜从古文上用功。余不能文，而微有文名，深以为耻，尔文更浅而亦获虚名，尤不可也。或请本县及外县之高手为撰修，而尔为协修。

吾友有山阳鲁一同通父，所撰《邳州志》、《清河县志》（下次专人寄回），即为近日志书之最善者。此外再取有名之志为式，议定体例，俟余核过，乃可动手。

纪鸿前文申夫改过，并自作一文三诗，兹寄去。申夫订于八月至鄂，教授一月，即行回川。渠善于讲说，而讲试帖尤为娓娓可听。鸿儿、瑞侄听渠细讲一月，纵八股不进，试帖必有长进。鸿儿文病在太无拈意，以后以看题及想拄意为先务。

　　余于十五日自济宁起程，顷始行二十余里。身体尚好，但觉疲乏耳。此谕。

涤生手示

同治五年六月十六日

151. 谕纪泽、纪鸿

字谕纪泽、纪鸿儿：

十六日在济宁开船后寄去一信，二十三日在韩庄下寄沅叔一信并日记，均到否？

余于二十五日至宿迁。小舟酷热，昼不干汗，夜不成寐，较之去年赴临淮时困苦备之。欧阳健飞言宿迁极乐寺宽大可住。余以杨庄换船，本须耽搁数日乃能集事。因一面派人去办船，一面登岸住庙，拟在此稍停三日再行前进。尔兄弟侍母八月回湘。在徐州所开接礼单，余不甚记忆。惟本家兄弟接礼究嫌太薄，兹拟酌送两千金。内澄叔一千，白玉堂六百，有恒堂四百。尔禀商尔母及沅叔先行挪用，合近日将此数寄武昌抚署可也。

吾家门第鼎盛，而居家规模礼节总未认真讲求。历观古来世家久长者，男子须讲求耕、读二事，妇女须讲求纺绩、酒食二事。《斯干》之诗，言帝王居室之事，而女子重在酒食是议。"家人"卦以一爻为主，重在中馈。《内则》一篇，言酒食者居半。故吾屡教儿妇诸女亲主中馈，后辈视之若不要紧。此后还乡居家，妇女纵不能精于烹调，必须常至厨房，必须讲求作酒作醢醢小菜换茶之类。尔等亦须留心于莳蔬养鱼。此一家兴旺气象，断不可忽。纺绩虽不能多，亦不可间断。大房唱之，四房皆和之，家风自厚矣。至嘱至嘱。

涤生手示

同治五年六月二十六日，宿迁

184

152. 谕纪泽、纪鸿

字谕纪泽、纪鸿儿：

十六日寄信与沅叔，载十五日遇风舟危之状，想已到鄂。余自近三月以来，每月发家信六封：澄叔一封，专送沅叔三封，尔等二封。皆排递鄂署，均得达否？在临淮住六七日，拟由怀远入涡河，经蒙、亳以达周家口，中秋前必可赶到。届时沅叔若至德安，当设法至汝宁、正阳等处一会。

余近来衰态日增，眼光益蒙。然每日诸事有恒，未改常度。尔等身体皆弱，前所示养生五诀，已行之否？泽儿当添不轻服药一层，共六诀矣。既知保养，却宜勤劳。家之兴衰，人之穷通，皆于勤惰卜之。泽儿习勤有恒，则诸弟七八人皆学样矣。鸿儿来禀太少，以后半月写禀一次。泽儿六月初三日禀亦嫌太短，以后可泛论时事，或论学业也。此谕。

涤生手示
同治五年七月二十日

185

153. 谕纪泽、纪鸿

字谕纪泽、纪鸿儿：

接纪泽六月二十三、七月初三日两禀，并纪鸿及瑞侄禀信、八股。两人气象俱光昌，有发达之概，惟思路未开，作文以思路宏开为必发之品。意义层出不穷，宏开之谓也。

余此次行役，始为酷热所困，中为风波所惊，旋为疾病所苦。此间赴周家口尚有三百余里，或可平安耳。尔拟于《明史》看毕，重看《通鉴》，即可便看王船山之《读通鉴论》，尔或间作史论，或作咏史诗。惟有所作，则心自易入，史亦易熟，否则难记也。余近状详日记中。到周口后又专□送信。此示。

早间所食之盐姜已完，近日设法寄至周家口。吾家妇女须讲究作小菜，如腐乳、酱油、酱菜、好醋、倒笋之类，常常做些寄与我吃。《内则》言事父母舅姑，以此为重。若外间买者，则不寄可也。

涤生手谕
同治五年八月初三日

154. 谕纪泽、纪鸿

字谕纪泽、纪鸿儿：

旬日以来，接泽儿七月十五、二十四、八月初三日等禀，鸿儿八月初二日禀并诗文各二首。余近况及八月上旬日记已于十二日寄沅叔矣。现在外病虽去，惟用心辄汗，近四日已不看书。眼蒙且疼，齿痛亦甚，盖元气亏而有虚火，且有肝郁，但平日调养得宜，不久或可复元。

鸿儿背痛微热等症，医者或即以痨病目之，切不可误信危言深论轻于服药。鹿胶太滞，高丽参系硫磺水浇种，均不可轻服。昔晓岑之子功甫信高云亭深语不传之秘，终无效验。彭有十于壬子冬在余家，刘兰舟诊之，危言告余曰："若非峻补，难过明夏。"彭以无钱谢之。今兰舟已逝十年，而有十至今无恙。凡医生危言深语，切弗轻信，尤不可轻于服药，调养工夫全在眠食二字上。

观鸿儿此次禀信、诗文，似无病者。或聪明未开，才不能赴其所志，胸襟稍觉郁郁。或随母回湘，或来周口侍奉余侧，胸襟开扩，弗药可愈。叶亭甥侍此一年，胸襟日畅，文与字均长进也。

回家馈赠，除澄叔三家从厚外，余可不必优厚。尔外祖父母宜送百金，此外辅臣公后裔各家、王氏四家、江氏三家、牧清一家、姊妹各家听尔母子商酌分送，极多者亦不过四十金耳，或请沅叔一酌。宋生香处亦宜酌送脩金。尔待康侯起程，当在秋杪，计申夫八月中旬必达鄂省。彼急于回蜀，论文不能久耳。此谕。

涤生手示

同治五年八月十四日

155. 谕纪泽、纪鸿

字谕纪泽、纪鸿儿：

接尔等八月初十日禀，知鸿儿生男之喜。军事棘手，衰病焦灼之际，闻此大为喜慰。排行用浚、哲、文、明四字。此儿乳名浚一，书名应用广字派否？俟得沅叔回信再取名也。

九月初十后，泽儿送全眷回湘，鸿儿可来周家口侍奉左右。明年夏间，泽儿来营侍奉，换鸿儿回家乡试。余病已全愈，惟不能用心。偶一用心，即有齿痛出汗等患，而折片不肯假手于人。责望太重，万不能不用心也。

朱子《纲目》一书，有续修宋元及明合为一遍者，白玉堂忠悫公有之，武汉买得出否？若有而字大明显者，可买一部带来。此谕。

涤生手示

同治五年八月二十二日

156. 谕纪泽、纪鸿

字谕纪泽、纪鸿：

接泽儿八月十八日禀，具悉。择期九月二十日还湘，十月二十四日四女喜事，诸务想办妥矣。凡衣服首饰百物，只可照大女、二女、三女之例，不可再加。纪鸿于二十日送母之后，即可束装来营，自坐一轿，行李用小车，从人或车或马皆可，请沅叔派人送至罗山，余派人迎至罗山。

淮勇不足恃，余亦久闻此言，然物论悠悠，何足深信。所贵好而知其恶，恶而知其美。省三、琴轩均属有志之士，未可厚非。申夫好作识微之论，而实不能平心细察。余所见将才杰出者极少，但有志气，即可予以美名而奖成之。

余病虽已愈，而难于用心，拟于十二日续假一月，十月奏请开缺，但须沅弟无非常之举，吾乃可徐行吾志耳。否则别有波折，又须虚与委蛇也。此谕。

同治五年九月初九日

157. 谕纪泽、纪鸿

字谕纪泽、纪鸿:

余病大致已好,惟不甚能用心。自度难任艰巨,已于十三日具片续假一月,将来请开各缺。纵不能离营调养,但求事权稍小,责任稍轻,即为至幸。欲求平捻功成从容引退,殆恐不能,即求免于谤议,亦不能也。捻匪窜过沙河、贾鲁河之北,不知已入鄂境否。若鸿儿尚未回湘,目下亦不必来周口,恐中途适与贼遇。

盐姜颇好,所作椿麸子酝菜亦好。家中外须讲求莳蔬,内须讲求晒小菜,此足验人家之兴衰,不可忽也。此谕。

同治五年九月十七日

158. 谕纪泽

字谕纪泽儿:

九月二十六日接尔初九日禀,二十九、初一等日接尔十八、二十一两禀,具悉一切。二十三如果开船,则此时应抵长沙矣。二十四之喜事,不知由湘阴舟次而往乎?抑自省城发喜轿乎?

尔读李义山诗,于情韵既有所得,则将来于六朝文人诗文,亦必易于契合。

凡大家名家之作,必有一种面貌,一种神态,与他人迥不相同。譬之书家羲、献、欧、虞、褚、李、颜、柳,一点一画,其面貌既截然不同,其神气亦全无似处。本朝张得天、何义门虽称书家,而未能尽变古人之貌。故必如刘石庵之貌异神异,乃可推为大家。诗文亦然。若非其貌其神迥绝群伦,不足以当大家之目。渠既迥绝群伦矣,而后人读之,不能辨识其貌,领取其神,是读者之见解未到,非作者之咎也。尔以后读古文古诗,惟当先认其貌,后观其神,久之自能分别蹊径。今人动指某人学某家,大抵多道听途说,扣槃扪烛之类,不足信也。君子贵于自知,不必随众口附和也。余病已大愈,尚难用心,日内当奏请开缺。近作古文二首,亦尚入理,今冬或可再作数首。

唐镜海先生没时,其世兄求作墓志,余已应允,久未动笔,并将节略失去。尔向唐家或贺世兄处(蔗农先生子,镜海丈婿也)索取行状节略寄来。《罗山文集年谱》未带来营,亦向易芝生先生(渠求作碑甚切)索一部付来,以便作碑,一偿夙诺。

191

纪鸿初六日自黄安起程，日内应可到此。余不悉。

涤生手示

同治五年十月十一日

159. 谕纪泽

字谕纪泽儿：

　　十八日接尔初一日在六溪口所发之禀，二十一日接尔在橐驼河口所发之禀，具悉一切。喜期果仍是二十四否？筠仙近日意兴何如？余于十三日具疏请开各缺，并附片请注销爵秩。二十五日接奉批旨，再赏假一月，调理就痊，进京陛见一次。余拟于正月初旬起程进京。

　　鸿儿少不更事，欲令尔于十一月十五以后自家来营，随侍进京。尔近日身体强壮否？接尔复禀，果有起行来豫定期。余即令纪鸿由豫回湘。鸿抵湘乡过年，尔抵周口过年，中途可约于鄂署一会。余近无他苦，惟腰疼畏寒，夜不成寐。群疑众谤之际，此心不无介介，然回思迩年行事无甚差谬，自反而缩，不似丁冬戊春之多悔多愁也。到京后，仍当具疏请开各缺，惟以散员留营维系军心，担荷稍轻。尔兄弟轮流侍奉，军务松时，请假回籍省墓一次，亦足以娱暮景。

　　纪鸿在此体气甚好，心思亦似开朗，惜不能久侍，当令其回家事母耳。折片并批旨抄阅，尔送呈澄叔一看。此谕。

　　再，尔体弱，今年行路太多，如自觉难吃辛苦，即不来侍奉进京，亦不强也（禀商尔母及澄叔议定回信）。若来，则带吴文煜来清检书籍。家中书籍亦须请一人专为料理，否则伤湿伤虫；或在省城书贾中找之。又行。

　　鸿儿言尔母欲将满女许徐氏。余嫌辈行不合，且诸女许宦家者多不称意，能在乡间许一富家亦好。明春到京，亦可于回都京官中求之也。

涤生手示

同治五年十月二十六日

160. 谕纪泽

字谕纪泽儿：

　　二十六日寄去一信，令尔于腊月来营，侍余正月进京。继又念尔体气素弱，甫经到家，又行由豫入都，驰驱太劳。且余在京不过半月两旬，尔不随侍亦无大损。而富圫新造家室，尔不在家即有所损。兹再寄一信止尔之信。尔仍居家侍母，经营一切，腊月不必来营，免余惦念。

　　余定于正初北上，顷已附片复奏抄阅。届时鸿儿随行，二月回豫，鸿儿三月可还湘也。余决计此后不复作官，亦不作回籍安逸之想，但在营中照料杂事，维系军心。不居大位享大名，或可免于大祸大谤。若小小凶咎，则亦听之而已。

　　余近日身体颇健，鸿儿亦发胖。家中兴衰，全系乎内政之整散。尔母率二妇诸女于酒食、纺绩二事，断不可不常常勤习。目下官虽无恙，须时时作罢官衰替之想。至嘱至嘱。初五将专人送信，此次未另寄澄叔信，可送阅也。

涤生手示

同治五年十一月初三日

161. 谕纪泽

字谕纪泽儿:

自接尔十月初九日一禀，久无续音。不知二十四日果办喜事否？全家已抵富圫否？

此间军事，东股任、赖窜入光、固，贼势已衰。西股张总愚久踞秦中华阴一带，余派春霆往援，大约腊初可以成行。霞仙迫不及待寄来一信，峻辞诃责，甚至以杨嗣昌比我，余不能堪，此后亦不复与通信矣。

十七日复奏不能回江督本任一折，刻木质关防留营自效一片，兹抄寄家中一阅。前有一信令尔来营侍余进京，后又有三信止尔勿来，想俱接到。若果能开去各缺，不过留营一年，或可请假省墓。但平日虽有谗谤之言，亦不乏誉颂之人，未必果准悉开诸缺耳。

纪鸿在此体气甚好，月余未令作文，听其潇洒闲适，一畅天机。腊月当令与叶甥开课作文。尔胆怯等症由于阴亏，朱子所谓气清者魄恒弱。若能善晓酣眠，则此症自去矣。此函呈澄叔一阅。特谕。

涤生手示

同治五年十一月十八日

162. 谕纪泽

字谕纪泽儿：

十一月二十二日接尔十月二十七在长沙发禀，二十三日接十一月初二在湘潭发禀，二十六日接十一日在富圫发禀。得悉平安回家，小大清吉，至为欣慰。

此间军事，任、赖由固始窜至鄂境，郭子美二十三日在德安获胜。该逆不得逞志于鄂，势必仍回河南。张逆入秦，已奏派春霆援秦，本月当可起程。惟该逆有至汉中过年、明春入蜀之说，不知鲍军追赶得及否？

本日折差回营，十三日又有满御史参劾，奉有明发谕旨，兹抄回一阅。十月二十六日寄信令尔来营随侍进京，厥后又有三信止尔勿来，计尔到家后不过数日即接来营之手谕。余拟再具数疏婉辞，必期尽开各缺而后已。将来或再奉入觐之旨，亦未可知。

尔在家料理家政，不复召尔来营随侍矣。李申夫之母尝有二语云"有钱有酒款远亲，火烧盗抢喊四邻"，戒富贵之家不可敬远亲而慢近邻也。我家初移富圫，不可轻慢近邻，酒饭宜松，礼貌宜恭。建四爷如不在我家，或另请一人款待宾客亦可。除不管闲事、不帮官司外，有可行方便之处，亦无吝也。尔信于郭家及长沙事太略，下次详述一二。此谕。

同治五年十一月二十六日

澄叔处将此信送阅。

正封缄间，接奉二十三日寄谕，令余仍回江督之任。余病不能多阅文牍，决计具疏固辞。兹将谕旨抄回一阅。

陈季牧遽尔沦谢。此间于初一日派李蔼汉至长沙陈宅吊唁，幛一悬、银二百两。此外尚有数处送情，再有信寄家也。又行。

涤生手示

同治五年十一月二十八夜

163. 谕纪泽

字谕纪泽儿：

十二月初六日接尔十一月二十一日排递之信，十八日接二十七日专勇之信，具悉一切。

余自奉回两江本任之命，十七、初三日两次具疏坚辞，皆未俞允，训词肫挚，只得遵旨暂回徐州接受关防，令少泉得以迅赴前敌，以慰宸廑。兹将初九日寄谕、二十一日奏稿抄寄家中一阅。余自揣精力日衰，不能多阅文牍，而意中所欲看之书又不肯全行割弃，是以决计不为疆吏，不居要任。两三月内，必再专疏恳辞。

军务极为棘手。二十一日有一军情片，二十二日有与沅叔信，兹抄去一阅。

朱金权利令智昏，不耐久坐，余在徐州已深知之。今年既请彭芳六照管书籍、款接人客，应将朱金权辞绝之，并请澄叔专信辞谢，乃有凭据。

余近作书箱，大小如何廉舫八箱之式。前后用横板三块，如吾乡仓门板之式。四方上下皆有方木为柱为匡，顶底及两头用板装之。出门则以绳络之而可挑，在家则以架乘之而可累两箱三箱四箱不等。开前仓板则可作柜，并开后仓板则可过风。当作一小者送回，以为式样。吾县木作最好而贱，尔可照样作数十箱，每箱不过费钱数百文。读书乃寒士本业，切不可有官家风味。吾于书箱及文房器具，但求为寒士所能备者，不求珍异也。家中新居富圫，一切须存此意，莫作代代做官之想，须作代代做士民之想。门外挂匾不可写侯府、相府字样。天下多难，此等均未必可靠，但挂宫太保第一匾而已。

吾明年正月初赴徐，纪鸿随往。二月半后天暖令鸿儿坐炮船至扬州，搭轮船至汉口，三月必可到家。郭婿读书何如？详写告我。此信呈澄叔一阅。

涤生手示
同治五年十二月二十三日

164. 谕纪泽

字谕纪泽儿：

　　正月初四日专人送信并书箱之式回家。旋于初六日自周家口起行，至十五日抵徐州府。一路平安，惟初十日阻雪一天，余均按程行走。定于十九日接印。官场自李少泉宫保而下，至大小文武各员，皆愿我久于斯任，不再疏辞；江南士民闻亦望之如岁。自问素无德政，不知何以众心归向若此？

　　沅叔劾官相之事，此间平日相知者如少泉、雨生、眉生皆不以为然，其疏者亦复同辞。闻京师物论亦深责沅叔而共恕官相，八旗颇有恨者（雨生云然）。尔当时何以全不谏阻？顷见邸抄，官相处分当不甚重，而沅叔构怨颇多，将来仕途易逢荆棘矣。

　　曾文煜尚未到营，而尔交彼带来之信却已先到。近两旬未接尔信，殊深悬系。嗣后除专勇到□接信外，须另写两次交李中丞排递来营。每月三信，不可再少。信中须详写几句，如长沙风气何如，吾县及吾都风俗如何，尔与何人交好，凡本家亲邻近状皆宜述及，以慰远怀。此信呈澄叔一阅。

涤生手示

同治六年正月十七日，徐州考棚

165. 谕纪泽

字谕纪泽儿：

　　二月初九日王则智等到营，接澄叔及尔母腊月二十五日之信并甜酒、饼粑等物。十二日接尔正月二十一日之禀，十三日接澄叔正月十四日之信，具悉一切。

　　富圫修理旧屋，何以花钱至七千串之多？即新造一屋，亦不应费钱许多。余生平以大官之家买田起屋为可愧之事，不料我家竟尔行之。澄叔诸事皆能体我之心，独用财太奢与我意大不相合。凡居官不可有清名，若名清而实不清，尤为造物所怒。我家欠澄叔一千余金，将来余必寄还，而目下实不能遽还。

　　尔于经营外事颇有才而精细，何不禀商尔母暨澄叔，将家中每年用度必不可少者逐条开出，计一岁除田谷所入外，尚少若干，寄营余核定后以便按年付回。袁薇生入泮，此间拟以三百金贺之。以明余屏绝榆生，恶其人非疏其家也。余定于十六日自徐起行回金陵。近又有御史参我不肯接印，将来恐竟不能不作官。或如澄叔之言，一切遵旨而行亦好。兹将折稿付回。曾文煜到金陵住两三月，仍当令其回家。余将来不积银钱留与儿孙，惟书籍尚思添买耳。

　　沅叔屡奉寄谕严加诘责。劾官之事中外多不谓然。湖北绅士公呈请留官相，幸谭抄呈入奏时朝廷未经宣布。沅叔近日心绪极不佳，而捻匪久蹂鄂境不出，尤可闷也。此信呈澄叔阅，不另致。

涤生手草

同治六年二月十三日

166.谕纪泽

字谕纪泽儿：

二月十六日接正月初十禀，二十一日又接二十六日信。得知是日生女，大小平安，至以为慰。儿女早迟有定，能常生女即是可生男之征，尔夫妇不必郁郁也。李宫保于甲子年生子已四十二矣。惟元五殇亡，余却深为厪系。家中人口总不甚旺，而后辈读书天分平常，又无良师善讲者教之，亦以为虑。

科一作文数次，脉理全不明白，字句亦欠清顺。欲令其归应秋闱，则恐文理纰缪，为监临以下各官所笑；欲不令其下场，又恐阻其少年进取之志。拟带至金陵，于三月初八、四月初八学乡场之例，令其于九日内各作三场十四艺，果能完卷无笑话，五月再遣归应秋试。科一生长富贵，但闻谀颂之言，不闻督责鄙笑之语，故文理浅陋而不自知。又处境太顺，无困横激发之时，本难期其长进。惟其眉宇大有清气，志趣亦不庸鄙，将来或终有成就。余二十岁在衡阳从汪师读书，二十一岁在家中教澄、温二弟，其时之文与科一目下之文相似，亦系脉不清而调不圆。厥后癸巳、甲午间，余年二十三四聪明始小开，至留馆以后年三十一二岁聪明始大开。科一或禀父体，似余之聪明晚开亦未可知。拟访一良师朝夕与之讲四书、经书、八股，不知果能聘请否？若能聘得，则科一与叶亭及今为之未迟也。

余以十六日自徐州起行，二十二日至清江，二十三日过水闸，到金陵后仍住姚宅行台。此间绅民望余回任甚为真切，御史阿凌阿至列之弹章，谓余不肯回任为骄妄，只好姑且做去，祸福听之而已。澄叔正月十三、二十八之信已到，暂未作复，此信送澄叔一阅。

　　徐寿衡之长子、次子皆殇，其妻（扶正者）并其女亦丧，附及。

涤生手示

同治六年二月二十五日，宝应舟中

167. 谕纪泽

字谕纪泽儿:

三月初十日罗登高来,接尔二月初六之信。十五日接二月十九日禀,具悉一切。余以初六日至金陵,初八日专差送信与澄叔,此外常有信与沅叔,不知尔常得知其详否?

鸿儿自今年以来长有小病,自二月二十六七以后常服清润之药。三月初八九作三文一诗,十一二日作经文五道,盖欲三四月试考二次,令五月回家乡试也。十四日作策三道,是夜即病。初意料其用心太过,体弱生疾。十五日服熟地等滋阴之剂,是日竟日未起。十六日改服参、著、术、附等补阳之剂,不料壮热大作,舌有芒刺,竟先伏有外感疫症在内。十七日改服犀角、生地等清凉之剂,亦未大效。现在遍身发红,疹子热尚未退。鸿儿之意因数日吃药太杂,自请停药一日。余向来坚持不药之说,近亦不敢力主,择众论之善者而从之。鸿儿病不甚重,惟体气弱,又适在考试用心太过之后,殊为焦虑。

尔母信来,欲带眷口仍来金陵。余本欲留尔母子在富坨立家作业,不令再来官署。今因鸿儿抱病,又思接全家来署,免得两地挂心。或早接,或迟接,或令鸿儿病痊速归,旬日内再有确信。

余身体平安,但以见客太多为苦。鄂省军事日坏。杏南殇难,春霆又两次奏请开缺,沅叔所处极艰,吾实无以照之。甲五侄处,余近

205

日作信慰之。尔六叔母所须绫、书、温印等物，亦于下次专人寄回。
此信呈澄叔一阅，不另书。

涤生手示

同治六年三月十八日

168.谕纪泽

字谕纪泽儿：

十八日寄去一信，言纪鸿病状。十九日请一医来诊。鸿儿乃天花痘，喜也。余深用忧骇，以痘太密厚，年太长大，而所服十五六七八九等日之药无一不误。阖署惶恐失措，幸托痘神佑助，此三日内转危为安。兹将日记由鄂转寄家中，稍为一慰。再过三日灌浆，续行寄信回湘也。

尔与澄叔二月二十八日之信顷已接到。尔七律十五首圆适深稳，步趋义山，而劲气倔强处颇似山谷。尔于情韵、趣味二者皆由天分中得之。凡诗文趣味约有二种：一曰诙诡之趣，一曰闲适之趣。诙诡之趣，惟庄、柳之文，苏、黄之诗。韩公诗文，皆极诙诡。此外实不多见。闲适之趣，文惟柳子厚游记近之，诗则韦、孟、白傅均极闲适。而余所好者，尤在陶之五古、杜之五律、陆之七绝，以为人生具此高淡襟怀，虽南面王不以易其乐也。尔胸怀颇雅淡，试将此三人之诗研究一番，但不可走入孤僻一路耳。

余近日平安，告尔母及澄叔知之。

涤生手示
同治六年三月二十二日

169. 谕纪泽

字谕纪泽儿:

接尔三月十一日省城发禀,具悉一切。鸿儿出痘,余两次详信告知家中。此六日尤为平顺,兹抄六日日记寄沅叔转寄湘乡,俾全家放心。

余忧患之余,每闻危险之事,寸心如沸汤浇灼。鸿儿病痊后,又以鄂省贼久踞臼口、天门,春霆病势甚重,焦虑之至。尔信中述左帅密劾次青,又与鸿儿信言闽中谣歌之事,恐均不确。余闻少泉言及闽绅公禀留左帅,幼丹实不与闻。特因官阶最大,列渠首衔。左帅奏请幼丹督办轮船厂务,幼已坚辞,见诸廷寄矣。余于左、沈二公之以怨报德,此中诚不能无芥蒂,然老命笃畏天命,力求克去褊心忮心。尔辈少年,尤不宜妄生意气,于二公但不通闻问而已,此外着不得丝毫意见。切记切记。

尔禀气太清。清则易柔,惟志趣高坚,则可变柔为刚;清则易刻,惟襟怀闲远,则可化刻为厚。余字汝曰劼刚,恐其稍涉柔弱也。教汝读书须具大量,看陆诗以导闲适之抱,恐其稍涉刻薄也。尔天性淡于荣利,再从此二事用功,则终身受用不尽矣。

鸿儿全数复元。端午后当遣之回湘。此信呈澄叔一阅,不另具。

涤生手示
同治六年三月二十八日

170. 谕纪泽

字谕纪泽儿：

　　四月八日接尔三月十九省城发禀，具悉一切。

　　云仙以并未降调之巡抚无故降三级而补运使，自难免于牢骚。精采既好，尚不至大损天和，即是好事。霞仙三月二十二日自汉口南归，计日内已到家矣。依永诗字俱佳，计八股亦必不恶，大慰大慰。

　　鸿儿痘症已满二十八日，大致极为平顺，身上痂已落尽，头面尚有小半未落，体气虚弱，尚未下床。论者多谓须静养百日乃可出门。余察看情形，或令满两个月回湘，或满三个月再回，总以全数复元为度。其乡试入场与否，亦须视身体之耐劳与否，六月秒再行定局。

　　正月寄回之书箱样子，现在金陵试做数十号，家中无庸再做。余详此旬日记中，已嘱沅叔转寄湘乡矣。此信并呈澄叔一阅。

涤生手示

同治六年四月十二日

171. 谕纪泽

字谕纪泽儿：

初八日接尔四月十六日禀，十二日潘文质到，接尔三月二十六日禀，具悉一切。

此间事颇平顺。惟久不下雨，人心皇皇，步祷已逾二旬，仅二十四日得雨较大（在吾乡约称三泼水），其余初三、九及今十七日雨均甚小（不成泼）。稻秧不能栽插，尤恐运河无水，捻匪东窜。惟闻苏、松、徽、宁已得透雨，江西、浙江均有丰稔之象。湖北前虽苦旱，顷初九日亦得大雨。最旱者惟淮、扬、江、镇、安、庐、凤七府，尚不甚宽耳。

叶亭已于十六日北上乡试。纪鸿定于五月底南归。先至家中小住，再赴长沙乡试。尔前寄呈之诗，候批出交鸿儿带去。丽参、鹿胶等物，亦候届时带归。顷沅叔寄到澄叔五月初二日信，知湘乡哥老会聚众滋事，元七腹泻体瘦，殊切廑系。余近心虽焦急，而身体无恙，鸿儿尤壮健可慰。余不一一。

涤生手示
同治六年五月十七日

172.谕纪泽、纪鸿

字谕纪泽、纪鸿儿：

　　高名扬来，接六月二十六日两禀，知鸿儿平安到家。顷又接鸿儿七月八日禀，知后来省寓居黄宅矣。余六月十六之信引温叔因病不能终场，陶少云因病不能终卷，嘱尔到家不必再出赴省。今既到省城，如身体尚可支持，自当进场应试。余不执成见也。

　　"六经"及《分类字锦》此时无便可寄，亦非科场急需之书，将来觅便将局刻各书寄几分与诸侄可耳。泽儿中秋后前来金陵，即携纪渠同来，令其开豁眼界，长育德性。余不乐久居此官，尔不宜挈眷来也。袁漱六所送北宋本（不论是淳化本、景佑本）《前汉书》，尔可带来。余昔年阅过之《通鉴》亦须带来。段《说文》《读书杂志》《经义述闻》均带来。今年奇热，余度夏甚苦，然看书未甚间断。家中造楼藏书，本系应办之事，然木料非常之难，果能办否？此谕。

涤生手示

同治六年七月二十二夜

173. 谕纪泽

字谕纪泽儿：

　　吾以初六日午刻至扬州，初八日巳刻即将起行。运司派曾德麟解到缉私经费二千余金，吾令其解金陵后路粮台，而在藩署借印批回。吾之银存于雨亭署内者，系养廉（已有万八千余），尔尽可取用。存于作梅台中者，系运司缉私经费及沪关月送公费（现闻近三万金），为余此次进京之用（连来往途费恐近二万），其下余若干（尔临北上时查明确数）姑存台中，将来如实窘迫，亦可取用。否则于□□□□散去可也（凡散财最忌有名）。

　　余日内平安。尔母及儿妇痊愈否？署中一切须时时照摄，十一可搬家否？如实不能，则十九搬移，不可再迟。至嘱至嘱。

涤生手示
同治七年十一月初八日巳刻

174. 谕纪泽

字谕纪泽儿：

　　初八日寄去一缄，由澄叔之便带往，想早达矣。余以十三日至清江，料捡二日，十六可以就道。桂未谷《说文》一部，途次不便携带。兹付至金陵，明年与后运之书同带可也。《曹集铨评》四本系山阳丁俭卿所撰，余许以发金陵书局代为刊刻。子建为诗家不祧之祖，亦不可无专集，尔可送缦云先生处发刻，并言明□□□□补校对。莫子偲、张廉卿送至高邮□□□□□□□议于廉卿四十金，既而悔其太少，以渠往返途费不资也。本日寄信于丁雨生，请其补送三十金于廉卿（张即日至苏州），而别由此间寄银还之。此示。

　　再，邵位西墓志，余每以在徐州写者不称意为歉，常欲更书一通。今日砚冻笔又不佳，勉强写毕，其不称意如故也。尔可即以此上石，由余家出钱刻成，以碑石归之邵家。文中间有改字，均照原本略好。（十一月十四夜清江舟中。雪大，拟十六启行，恐须改期。）

涤生手示

同治七年十一月十四日，清江

213

175. 谕纪泽

字谕纪泽儿：

接十一月十二、十七日安禀，知尔母病势大减，儿妇亦痊愈矣，至以为慰。余以十七日自清江起行，天气晴和，每日按站行走。惟中有三日仅走半站，亦以爱惜马力，非真不能行也。

折弁刘高山归，报销折奉批旨"着照所请，该部知道"。竟不复部核议，殊属旷典。前雨亭方伯托许缘仲关说部中书吏，余与李相前后军饷三千余万，拟花部费银八万两。今虽得此恩旨，不复部议，而许缘仲所托部吏拟姑听之，不遽翻异前说。但八万已嫌太多，不可再加丝毫。尔先与雨亭一说，并请其告之李相，余不久亦有信与雨亭也。

余于甲子年免办报销册之旨，不追索金陵城内伪王库银之旨，不深究幼主下落之旨，及此次不复部议之旨，感激次骨，较之得高爵穹官，其感百倍过之。在途中日日念请开缺折难于下笔，徒添一矫情痕迹，无益于事。今因深感批旨，恐竟不具折陈情矣（久宦不休，将来恐难善始善终）。余途中甚健，纪鸿及仆从辈平安。鸿等今日登泰山，余未往也。日记已抄二十一天，姑先寄回，尔可由官封寄澄、沅两叔一阅。余到京续寄。尔每月三次寄信至余处，亦须三次寄两叔处。此嘱。

涤生手示

同治七年十一月二十七日，泰安府店

176. 谕纪泽

字谕纪泽儿：

　　泰安发一信交刘高山带至金陵。是日接尔二十日禀，知十九日已移下江考棚为慰。李中堂欲借后园地球，尽可允许。俟渠到湖北，即交便轮船带去。并求其将方子可请入楚督署内，刊刻此图，附刻图说。仍求将方元徵调入鄂省，酌委署缺，必为良吏。李相创立上海、金陵两机器局，制造船炮，为中国自强之本，厥功甚伟。余思宏其绪而大其规，如添翻译馆、造地球，皆是一串之事。故余告冯、沈二君，以后上海铁厂仍请李相主持，马、丁两帅会办。尔可将此意先行函告李相，余以后再有函商之也。

　　应敏斋所兑号票银虽止一万二千，而言明可用二万两，计别敬用万六七千，尚有三四千作盘川，尽足敷用。小舫此举殊为多事。尔亦不宜寄来，姑带在身边可也。

　　日内途次平安。三十日小雪，恰与丁中丞在齐河会谈。今日至刘智庙，已交直隶境。兹将二十二以后九日日记寄去，尔速寄澄、沅两叔一览。余久未寄湘信，甚歉甚歉，过保定再寄耳。此嘱。

涤生手示

同治七年十二月初三日

177. 谕纪泽

字谕纪泽儿：

　　河间途次奏稿箱到，接尔禀函。顷又由良乡送到十二月初二日一禀，具悉尔母目疾日剧，不知尚可医否？尔母性急而好体面，如其失明，即难久于存活。余尝谓享名太盛，必多缺憾，我实近之；聪明太过，常鲜福泽，尔颇近之；顺境太久，必生波灾，尔母近之。余每以此三者为虑。计惟力行孝友，多吃辛苦，少享清福，庶几挽回万一。家中妇女近年好享福而全不辛劳，余深以为虑也。

　　洋人电气线之说断不宜信，目光非他物可比。所恶于智者，为其凿也。不如服药，专治本病，目光则听其自然。穆相一生患目疾，尝语余云："治目宜补阳分，不可滋阴，尤不可服凉药。"如彼之说，则熟地大有碍于目矣，试详参之。

　　余十三日进京，十四、五、六日召见。应酬纷烦，尚能耐劳。拟正月灯节前后出京。兹将初一至十六日记寄南。尔可将十四、五、六日另出交子密转与各契好一看，但不可传播耳。此次日记，余另抄一分寄澄、沅叔矣，尔不转寄亦可。此嘱。

涤生手示

同治七年十二月十七日

178. 谕纪泽

字谕纪泽儿：

　　十七日寄去一缄并初一至十六日记，想将收到。厥后十七、八、九在城内拜客三天。二十日搬出城外，寓法源寺。二十一、二、三、四各处公请听戏四天。二十五、六皆有事趋朝。京中向系虚文应酬，全无真意流露，近日似更甚矣。赛中堂之世兄崇文山（绮）乙丑状元，向人似有真意，才德俱备，将来必为大器。

　　余所书位西墓志，于琦善下有公字，于赛下落一公字，若流传到京，必为文山父子所饮恨。尔可暂缓刻石，应如何设法补改，斟酌禀告。此谕。

涤生手示

同治七年十二月二十七日

179. 谕纪泽

字谕纪泽儿：

久未闻两江折差入京，是以未及写信。前接尔腊月二十六日禀，本日固安途次又接尔正月初七禀，具悉一切。余自十二月十七至除夕已载于日记中，兹付回。

正月灯节以前惟初三、五无宴席，余皆赴人之召。然每日仅吃一家，有重复者辄辞谢，不似李、马二公日或赴宴四五处。盖在京之日较久，又辈行较老，请者较少也。军机处及弘德殿诸公颇有相敬之意，较去冬初到时似加亲厚，九列中亦无违言。然余生平最怕以势利相接，以机心相贸，决计不作京官，亦不愿久作直督。约计履任一年即当引疾悬车，若到官有掣肘之处，并不待一年期满矣。

接眷北来，殊难定策，听尔与尔母熟商。或全眷今春即回湖南，或全家北来保定，明年与我同回湖南，均无不可。若全来保定，三月初即可起行。余于二十日出京，先行查勘永定河。二十七八可到保定，接印后即派施占琦回金陵，二月二十日外可到。尔将书箱交施由沪运京，即可奉母北行耳。

余送别敬一万四千余金，三江两湖五省全送，但亦厚耳。合之捐款及杂费凡万六千上下，加以用度千余金，再带二千余金赴官，共用二万两。已写信寄应敏斋，由作梅于余所存缉私经费项下提出归款。阅该项存后路粮台者已有三万余金，余家于此二万外不可再取丝毫。尔密商之作梅先生、雨亭方伯，设法用去。凡散财最忌有名，总不可使一人知

（一有名便有许多窒碍，或捏作善后局之零用，或留作报销局之部费，不可捐为善举费）。至嘱至嘱。余生平以享大名为忧，若清廉之名尤恐折福也。杜小舫所寄汇票二张，已令高列三涂销寄回。尔等进京，可至雨亭处取养廉数千金作为途费，余者仍寄雨亭处另款存库，余罢官后或取作终老之资，已极丰裕矣。纪鸿儿及幕府等未随余勘河。二十三日始出京赴保定也。此谕。

涤生手示

同治八年正月二十二夜，固安工次

219

180. 谕纪泽

字谕纪泽儿：

出京后，二十二日在固安途次发信一封，到否？接尔正月十七日禀（初七信先到），尔母目能辨光暗，不能分别人物，则已失明矣。以去秋之病象，似无生理，今果得无碍于寿数，则虽失明犹为不幸之幸。惟须请良医诊脉，究竟无意外之虞否。亦须尔母自行默揣，不至有大变否。二者果然可靠，则于三月初八日北来，由水路至济宁州。若二者不甚可靠，则不如竟回湘乡。回家有两不便处：一则湘中与保定两处搅用，无骨肉团聚之乐；二则尔专管家务，恐荒学业，纪鸿亦不免南北奔驰。来直亦有两不便处：一则余又无久官斯土之志，虽全家抵此，仍非安土深固之象，恐暂聚而旋散；一则恐尔母病重。四层之中惟末一层最为紧要。尔与尔母熟商决之，我不能遥断也。余于初三日派施占琦回江接眷。兹先排递此函，俾尔早为审度。其余正月日记及在京用数均交施占琦带回。

余定初二巳刻接印。官相有初九回京之说。渠神象已衰，不似六年春扬州相见时矣。此谕。

再，余在清江所写邵位西墓志铭，系高丽纸，每叶宽五寸许，长八寸许，包好夹于桂未谷《说文》之内。《说文》用皮纸分作三包包之，不知尔曾折过否？其皮箱交长龙带去，《说文》在箱内，想已收到。箱中尚有他物，今忘之矣。带至此间来刻亦可，但恐更贵耳。昭忠祠湘军碑已钩毕上石否？可催香亭速为之。

涤生手示

同治八年二月初一夜

181. 谕纪泽

字谕纪泽儿：

初二日由驲递去一缄，兹派施占琦回江接眷。尔一面将各书箱由金陵运沪，由沪运津，派施占琦押运；一面送眷由水路至济宁州，余派人至济宁迎接。余去冬与应敏斋面商，派恬吉轮船押海运之使，即解余书籍赴津。此次又于复调甫信中言之，尔再连函。此间或天平，或恬吉，先至金陵接书赴沪，再行押米到津。余签押房桌椅等可酌带几件前来。至眷口由舟北上，可求昌岐、健飞派船送至济宁、张秋等处。铭军刘子务（盛藻）扎在张秋，车马甚多，送过二百余里再在临清上船，或竟由陆路至保定，均方便也。

周正林有银千二百两（湘平）兑存余内银钱所，尔可于养廉中取千二百金交作梅处归款。兹将余寄调甫信抄阅。江西所欠养廉已解到否？尔带数千金作北上途费，其余万数千金寄存江宁藩库，为余还山终老之资，已为苟完苟美，切不可不知足也。后路粮台所存缉私经费，除在京兑用二万外，计尚有万余金，即存台作为报销部费。除雨亭、作梅、少岩外，别不使一人知之，最不着迹。此外淮北公费尚有应解余者（十月间书办曾拟札稿去提，余未判行），将来亦作报销部费。余奏调七人中或有缺途费者，在其中提送若干。请雨、梅酌度（多者不得过二百）。此外不更动用丝毫矣。尔母目疾近日何如？如其病重脉险，则以回湘为是，昨信已详言之矣。在京所用银钱，抄一约略大数寄江，尔可将账并此信寄澄、沅两叔一阅。余详正月日记中。
此谕。

涤生手示

同治八年二月初三日

182. 谕纪泽

字谕纪泽儿:

初二日接印,初三日派施占琦至江南接眷,寄去一缄并正月日记,想将到矣。初八日纪鸿接尔正月二十七日信,知三孙女乾秀殇亡,殊为感恼,知尔夫妇尤伤怀也。然吾观儿女多少成否,<u>丝毫皆有前定</u>,绝非人力所可强求。故君子之道,以知命为第一要务,不知命无以为君子也。尔之天分甚高,胸襟颇广,而于儿女一事不免沾滞之象。吾观乡里贫家儿女愈看得贱愈易长大,富户儿女愈看得娇愈难成器。尔夫妇视儿女过于娇贵。柳子厚《郭橐驼传》所谓旦视而暮抚、爪肤而摇本者,爱之而反以害之。彼谓养树通于养民,吾谓养树通于养儿。尔与冢妇宜深晓此意。庄子每说委心任运听其自然之道,当令人读之首肯,思之发□。东坡有目疾不肯医治,引《庄子》曰:"闻在宥天下,不闻治天下也。"吾家自尔母以下皆好吃药,尔宜深明此理,而渐渐劝谏止之。

吾自初二接印,至今半月。公事较之江督任内多至三倍,无要紧者,皆刑名案件,与六部例稿相似,竟日无片刻读书之暇。做官如此,真味同嚼蜡矣。纪鸿近日习字颇有长进,温《左传》亦尚易熟,稍为慰意。此谕。

涤生手示
同治八年二月十八日,保定

183. 谕纪泽

字谕纪泽儿：

接尔十六日禀，知二月一日去函已到，施占琦赍去之函尚未接到。尔母旧病全愈，决计暂不归湘，北来从官。若三月中旬起行，则四月初可抵济宁，余日内派人沿途察看。济宁至临清三百余里（由济宁至张秋百余里水路，由张秋至临清二百余里旱路），可请铭军代统刘子务照料。自临秋以下，笨重之物可由舟载至天津（下水），再由津雇舟送至保定（距省三十里登岸，余现开挖省河，则可径抵南门），眷口及随身要物则由济宁登陆。此间地气高燥，上房宽敞，或可却病。惟车行比之舟行，则难易悬殊耳。

余近日所治之事，刑名居其大半。竟日披阅公牍，无复读书之暇，三月初一二日始稍翻《五礼通考》。昔年每思军事粗毕即当解组还山，略作古文，以了在京之素志。今进退不克自由，而精力日衰，自度此生断不能偿夙愿。日困簿书之中，萧然寡欢，思在此买一妾服侍起居，而闻京城及天津女子性情多半乖戾，尔可备银三百两交黄军门家，请渠为我买一妾。或在金陵，或在扬州、苏州购买皆可。事若速成，则眷口北上即可带来。若缓缓买成，则请昌岐派一武弁用可靠之老妈附轮舟送至天津。言明系六十老人买妾，余死即行遣嫁。观东坡朝云诗序，言家有数妾，四五年相继辞去，则未死而遣妾，亦古来老人之常事。尔对昌岐言，但取性情和柔、心窍不甚蠢者，他无所择也。

直督养廉银一万五千两，盐院入款银近二万两，其名目尚不如两江

225

缉私经费之正大。而刘印渠号为清正，亦曾取用。余计每年出款须用二万二三千金，除养廉外，只须用盐院所入七八千金，尚可剩出万余金，将来亦不必携去，则后路粮台所剩缉私一款断不必携来矣。尔可告之作梅、雨亭两君，余亦当函告耳。此嘱。

涤生手示

同治八年三月初三日

184. 谕纪泽

字谕纪泽儿：

前派周正林至济宁等处查明水陆道路，兹又派王庆云、孙福二人前往济宁迎接眷属。孙福在京多年，上房差事亦熟。王庆云则照料外事尚为得力。带去后挡车一辆、轿车一辆。尔母之轿必在金陵带来，此间派轿头带去轿夫一班，余夫则由州县加派。两班八人，轿夫有换班车者，系最廓之规模，余在途用之，尔母似可不用，州县亦未必肯供应也（余系用周正林之车）。凡州县不愿支应之事切弗勉强，概行自出钱文办理。妇女等以三套车，由后开门为最便。纪鸿前坐此车，因轮矮骡高不便，仍改由前开门。后于途中见江西文方伯由后开门甚平且便，乃知纪鸿之车两旁用木架玻璃，前用高骡，因过于讲究，反不便也。

吾家因带兵太久，规模太廓，余虽力求收敛，尚觉用费过多。尔诸事宜从简省处着想。王庆云亦可备询问耳。刘子务（盛藻）所统铭军在张秋驻扎，尔可托渠代为照料。余已托振轩写信与刘，令其派马二十匹护送。此外凡派兵护送者，宜辞谢之。二月日记附去收阅。余不多嘱。

涤生手示

同治八年三月二十四日

227

185. 谕纪泽

字谕纪泽儿：

二十九日阅尔清江所寄纪鸿信，知二十二夜船上火灾，尔所抄之《说文》《广韵》化为灰烬。凡书籍字画太多者、太精者，则遭水火之劫。尔所抄书，亦太精之亚也。

吾于四月初一日出省，来永清、固安一带查阅永定河工。天气亢旱，麦稼既已全坏，而稷粱等不能下种，加以每日大风，羊角盘绕，轿中极凉。吾体中不适，又念百姓遭此旱灾，殆无生理；又念尔送全眷在运河，水浅风阻，必难速行；又念施占琦书箱在海，尚无抵津信息，恐为大风所坏。公私种种萦念，不胜焦灼。吾派施占琦、周正林南行时，皆第一日折回，次日乃果成行。吾乡旧俗，以此占事多沮滞之处。如途中处处阻滞，亦只可安心任运，徐待事机之转。

王庆云、孙福等二十五日由保定赴济宁，约计十日可到。途中派马队二十匹护送，已由振轩函托子务矣。此嘱。

涤生手示

同治八年四月初三夜，永清之惠家庄

186. 谕纪泽、纪鸿

字谕纪泽、纪鸿儿：

十二早接泽儿十一未刻禀，具悉一切。

余初十行八十里住固城镇，十一行七十余里住新城县，十二行□□里住固安县。闻今日河工虽已合龙，尚未闭气，明日往看，不知有它虞否。

黄子寿带一子进京，在此会晤。陈小舫荐一医，谢姓（煜，旭亭），蕲水人，直隶佐杂（河工主簿）。若已到省，可请其一诊。但医可多请，药则不可杂进耳。意城言满女之事，回署再商。余不多嘱。

涤生字
同治八年十月十二夜，固安

187. 谕纪泽、纪鸿

字谕纪泽、纪鸿儿：

十三早接泽儿十二申刻禀信。侯医专主补剂，与余意相合。若果能受鹿茸，此病乃有转机。今日恰有折弁进京，余已寄百金托马松甫买茸。若马已出京，即托敖金甫购买。折差十八日可回保定，可试用也。久烧防其成痨，吾亦尝与尔母言及。侯生在江西接儿，吾已忘之，其论病则均近理也。

吾今日午后始自固安来。北四下汛昨日虽已合龙，本日巳刻始克闭气，乃为放心。余本不愿在外久留，然既至下口，恐不能不至天津一行，计回署当在二十后矣。余不多及。

涤生手示

同治八年十月十三日，北四下汛五里许乡村

188. 谕纪泽、纪鸿

字谕纪泽、纪鸿儿：

十六酉刻接纪泽十五日禀，具悉一切。

余今日早发，行六七里始天明。自小惠庄至双口住宿，凡九十里，距天津尚三十五里，明日到津。恐须二十或二十一日乃起行回省，途次须四日也。尔母及冢妇病均宜温补，但恐有不宜经补、不宜专补者，全赖良医细察耳。

保身莫大于眠、食二字。尔兄弟体气俱弱，吾效星冈公法，每夜用极热水洗脚，颇有效验，尔等可于年少时行之。吾曾函示沅叔，似未行也。泽儿牙疼，宜于无事之时，服滋阴之剂。此嘱。

涤生手示
同治八年十月十六夜

189. 谕纪泽、纪鸿

字谕纪泽、纪鸿儿：

十七日接十六禀并谢医之方、芸陔之信，具悉一切。方与前此诸医略近。吾意总欲其稍进饭食为急，不知有良法否？芸陔之票只好用军需局印票司印，然当寄至何处，渠信并未写明，殊难悬揣，俟余回省再定。

余今日午刻至天津，应酬纷繁，殊以为苦。十八、九当酬接两日，二十即可起行回省。闻南三府饥民敖敖思乱，廑系无已。余不多及。

涤生手示

同治八年十月十七日

190. 谕纪泽、纪鸿

字谕纪泽、纪鸿儿：

　　十八日接十七日禀，具悉一切。谢医开方后，竹舲旋到。渠不惮三千里雇车而来，良可感也。富贵之家有病，一切呼应较灵，但主意不可太乱，吾意总以能进饭食为急务。吾今日住天津一日，陈小舫上□言谢医精于脉理，最能预决吉凶。其果然乎？竹舲宜住署内，已腾屋否？余不多及。

涤生手示

同治八年十月十八夜

191. 谕纪泽、纪鸿

字谕纪泽、纪鸿儿：

接尔十八日禀并竹舫方，具悉一切。

余今日上半日看津防兵勇操，下半日应酬。定于明日起程，若无雨雪，四日必可到省。折差已回省否？买鹿茸否？津郡十四夜得雨后，民气尚为安恬。余不悉。

涤生手示

同治八年十月十九日

192. 谕纪泽、纪鸿

字谕纪泽、纪鸿儿：

余于二十日自天津起行百一十里，夜宿信安镇。二十一日行九十里，夜宿孔家马头。计二十二夜住容城县，二十三乃可抵省。昨日未得包封，今早黎明始接尔十九日之禀，想尚绕由固安、天津四百余里而来也。

竹舫方相安，甚慰，然以能进饭食乃是真效。丸药收到。如是珍养，富贵气太重，亦非佳象耳。余不多及。

涤生手示

同治八年十月二十一申刻，孔家码头

193. 谕纪泽、纪鸿

字谕纪泽、纪鸿儿：

二十二日巳刻接尔二十一日未刻信，似非由天津绕来者。澄叔及郭氏昆仲信并悉。

余今日仅行六十余里，未刻即到容城住宿。明日行九十里，申刻必可抵省。出署日久，公事积压，归后却更忙耳。余不及。

涤生手示

同治八年十月二十二日，容城

194. 谕纪寿

岳崧三侄左右：

顷接来禀，字迹圆整，文气清畅，昔时四岁而孤，至是已有成立，深以为慰！

侄念及三河旧事，奋然有报仇雪憾之意，志趣远大，尤可嘉尚。古来圣贤豪杰，皆有非常之志。人之有志，犹水之有源，木之有根，作室之有基，力田之有种。今粤逆、捻逆均已殄灭，中原次第荡平，侄年方幼学，宜立志多读古书，立志作第一好人。

读古书，先熟悉"四书""五经"，然后次及于《周礼》《仪礼》《公》《穀》《尔雅》《孝经》《国语》《国策》《史记》《汉书》《庄子》《荀子》《说文》《文选》《通鉴》及李、杜、苏、黄之诗，韩、欧、曾、王之文，周、程、张、朱之义理，葛、陆、范、韩之经济，次第诵习。虽不能一旦全看，而立志不可不博观而广蓄。

作好人，先从五伦讲起。君臣有义，父子有亲，夫妇有别，长幼有序，朋友有信。自幼小以至老耄，自乡党以至朝廷，处处求无愧于五伦，时时以实心行之。又须求有济于斯世。伊尹以一夫不获为己之辜，范文正做秀才，便以天下为己任，可以为法。切不可度量狭隘，专作一自了汉，与他人较量锱铢。又须习勤耐苦，处贫困而不忧，历患难而不惧。孟子所谓"苦其心志，劳其筋骨，饿其体肤，困乏其身"，正所以当大任。张子所谓"贫贱忧戚，正所以玉汝于成"。自古无终身安乐而克成伟人者，历尽多少艰苦不如意之事，乃可磨炼出大材来。又须从敬、慎二字上用功。敬者，内则专静纯一，外则整齐严肃，《论语》之九思如"视思明，听思聪"之类。《玉藻》之九容如"足容重，手容恭"之类。慎者，凡事不苟，尤以谨言为先。此四端者，一讲敦伦，一求济世，是终身之远大规模也；一习艰苦，一学敬慎，是随时之切实工夫也。侄此时虽不能将四者全行体验，而立志不可不广大而精凝。果有志于读古书、作好人，则将来可为愨烈公克家之子，即可为朝廷有用之材矣。目下尤切者，事嫡母、生母曲尽孝道，能使两母皆洽欢心，一门毫无闲言，此即尽伦之道；于九思九容上着力，使门内有一种肃雍气象，此即敬慎之效。余事且可从容做去。至嘱，至嘱！

余今年六十，精力衰颓，目光甚蒙。内人自八月得病，至今半年未愈，署内殊无佳况。纪鸿于元旦日得举一子，小大平安，差以为慰。余详日记中。顺请叔母罗太夫人福安，侄之嫡母、生母近好。

涤生手草

同治九年正月初八日

238

195. 谕纪泽

吏部咨文一角尔带去，问要投递否。如不须投，则径自具呈矣。见客俱代我寄声请安，凡事谦谨为属。

涤生手示
同治九年

196. 谕纪泽

字谕纪泽儿：

　　初六日王元回，接尔一禀，后无续信，余甚惦念。余右目病如故，后又因亢旱焦急之至。今早寅正起头忽大眩晕，立即躺倒，脚若朝天，床若旋绕，心不能主持，如是者四次，终不能起坐。请竹舲开方，服大滋阴之剂。顷至辰末始勉强起坐，进饭碗许。以后如有危症，当专差进京接尔归来；如从此平顺，则由信行寄信一二次告尔。尔不必速归也。

　　考荫有定期否？若在五月上半月，自宜等候，考毕再回；若为期太远，则先回一次亦可，听尔自酌。仙屏差旋，若过保定，余当送程仪百金，是星使过境，有交谊者酬赠之常例。今余未寄程仪，而渠乃先寄接礼，悚仄之至。今付去百金，尔可面交。余因病未另写亲笔信，并为我道歉忱也。尔在京宜节饮食慎调养，由沈廉处常常寄信。此嘱。

涤生手示

同治九年四月十六日巳刻

197. 谕纪泽

字谕纪泽儿：

十六日余患眩晕之症，比以函告尔。十七、十八日病状如常，登床及睡起则眩晕旋转，睡定及坐定之时则不甚眩晕，仍似好人。十八日药内有大参，病似增剧。十九日黎、谢处方有知母、黄柏，余嫌其太凉，拟空一日不服药。三数日内拟具折请假一月。尔在京考荫，须于写作二字用心读求，不可草率了事。署中若有危急之症，乃写信专足告尔；若无急足，必系平安之状，尔不须惦念也。

周荇翁索《船山遗书》，亦交沈廉带去，尔可转交。仙屏曾得《船山全书》否？若未也，下次亦即带去（此次已带，尔可面交）。余不多及。亢旱焦灼，其忧有甚于病耳。此嘱。

涤生手示
同治九年四月十九日

198. 谕纪泽

字谕纪泽儿：

　　十九日沈廉带去一缄并船山书二部。二十日黎、谢及徐道奎诊余脉，皆言肝火太旺，宜服凉药，因服龙胆草之类。二十一日脉已平，眩晕亦愈。大约尚须凉药二三剂，乃能尽平肝火而去眩晕之症，乃能渐服补剂而冀复元。今日具折请假一月，特书数行令尔放心。尔考事宜细心料理，不可草率。此嘱。

涤生手示

同治九年四月二十一日

199. 谕纪泽

字谕纪泽儿：

二十七日折弁归，见尔与纪鸿之信，知二十五日考试平安完卷，二十八日引见，外用内用尚不可知。尔云须见堂官，则已作分部计矣。余眩晕之症略愈，尚未大好。现以周抚文、黎竹舫为主，旭亭间来一商，本日管才叔亦来一商。必须将晕症全愈，乃能兼治目疾。而天气亢旱狂风，人心皇皇，余焦灼异常，恐此疾亦难就瘥。

京中有肉桂可觅否？保定盐蛋苦其不咸，京中若有咸者，可酌带来省。此嘱。

回省之迟速，听尔斟酌，此间无成见也。

涤生手示
同治九年四月二十七日申初

200. 谕纪泽

字谕纪泽儿：

初七日接尔初三日禀，初八日有报喜者言尔签分户部。尔信言初六七出京，果已成行否？若尚未成行，则到衙门一次，见六堂一次再行出京，亦不过多延两三日。其拜同司等事则暂不必管，待将来当差时再议可也。

余眩晕尚未全愈，每到枕之时、起床之际辄晕昏，久之始定。余尚不晕。至疲困贪睡，则余近年过夏之常态，不仅今年为然。周虎文与竹舲诊脉，心脉洪大，余尚平静。虎文即欲回京，余令其待尔归来再定。

尔母日内服丸药，尚属平安。叶亭四月十日自家挈眷北来，将由武昌附轮船航海至津，日内计已将到，拟腾敬芝轩居之。渠到不久，余即将开缺，殊无妥为位置之方。

姚春木（椿）所选《国朝文录》，张诗舲（祥河）所刻者，京城若易于购买，即带一部回。久旱不雨，官民皇皇，实疆吏之咎也。余不多及。

涤生手示

同治九年五月初八日

201. 谕纪泽

字谕纪泽儿：

十三日折弁归，接尔十一日禀。初九日信局所寄禀尚未到也。

余眩晕之症十愈七八，虽未能除根，而周、黎皆云总可除净。现尚服滋阴降火之品。

周虎文定于十五日回京。渠初以五月验看，七八月赴江西到省，似难再留。到部谒堂似非难事，尔云多延十日，何也？折弁言尔将以十八日出京，余拟以二十一二日具折续假。若尔能于二十、二十一日到省方为妥善。切盼切盼。

保定亢旱异常，人心皇皇，焦虑何极！接家信，四女之子全愈，足一堪慰之事。季女许字聂家，沅叔即日代办下定事件。余目疾毫无转机。在京曾询访一二否？余不及详。

适派弁至总理衙门送信，便带此函到京。

涤生手示

同治九年五月十三日酉刻

202. 谕纪泽、纪鸿

余即日前赴天津，查办殴毙洋人焚毁教堂一案。外国性情凶悍，津民习气浮嚣，俱难和叶，将来构怨兴兵，恐致激成大变。余此行反复筹思，殊无良策。余自咸丰三年募勇以来，即自誓效命疆场，今老年病躯，危难之际，断不肯吝于一死，以自负其初心。恐邂逅及难，而尔等诸事无所禀承，兹略示一二，以备不虞。

余若长逝，灵柩自以由运河搬回江南归湘为便。中间虽有临清至张秋一节须改陆路，较之全行陆路者差易。去年由海船送来之书籍、木器等过于繁重，断不可全行带回，须细心分别去留。可送者分送，可毁者焚毁，其必不可弃者，乃行带归，毋贪琐物而花途费。其在保定自制之木器全行分送。沿途谢绝一切，概不收礼，但水陆略求兵勇护送而已。

余历年奏折，令夏吏择要抄录，今已抄一多半，自须全行择抄。抄毕后存之家中，留于子孙观览，不可发刻送人，以其间可存者绝少也。

余所作古文，黎莼斋抄录颇多，顷渠已照抄一份寄余处存稿。此外黎所未抄之文寥寥无几，尤不可发刻送人，不特篇帙太少，且少壮不克努力，志亢而才不足以副之，刻出适以彰其陋耳。如有知旧劝刻余集者，婉言谢之可也。切嘱切嘱。

余生平略涉儒先之书，见圣贤教人修身，千言万语，而要以不忮不求为重。忮者，嫉贤害能，妒功争宠，所谓"怠者不能修，忌者畏人修"之类也。求者，贪利贪名，怀土怀惠，所谓"未得患得，既得患失"之类也。忮不常见，每发露于名业相侔、势位相埒之人；求不常见，每发露于货财相接、仕进相妨之际。将欲造福，先去忮心。所谓人能充无欲害人之心，而仁不可胜用也。将欲立品，先去求心。所谓人能充无穿窬之心，而义不可胜用也。忮不去，满怀皆是荆棘；求不去，满腔日即卑污。余于此二者常加克治，恨尚未能扫除净尽。尔等欲心地干净，宜于此二者痛下工夫，并愿子孙世世戒之。附作《忮求诗》二首录右。

历览有国有家之兴，皆由克勤克俭所致。其衰也，则反是。

余生平亦颇以勤字自励，而实不能勤。故读书无手抄之册，居官无可存之牍。生平亦好以俭字教人，而自问实不能俭。今署中内外服役之人，厨房日用之数亦云奢矣。其故由于前在军营，规模宏阔，相沿未改，近因多病，医药之资漫无限制。由俭入奢易于下水，由奢反俭难于登天。在两江交卸时，尚存养廉二万金，在余初意不料有此，然似此放手用去，转瞬即已立尽。尔辈以后居家，须学陆梭山之法，每月用银若干两，限一成数，另封秤出。本月用毕，只准赢余，不准亏欠。衙门奢侈之习，不能不彻底痛改。余初带兵之时，立志不取军营之钱以自肥其私，今日差幸不负始愿，然亦不愿子孙过于贫困，低颜求人，惟在尔辈力崇俭德，善持其后而已。

孝、友为家庭之祥瑞。凡所称因果报应，他事或不尽验，独孝、友则立获吉庆，反是则立获殃祸，无不验者。

吾早岁久宦京师，于孝养之道多疏，后来展转兵间，多获诸弟之助，而吾毫无裨益于诸弟。余兄弟姊妹各家，均有田宅之安，大抵皆九弟扶助之力。我身殁之后，尔等事两叔如父，事叔母如母，视堂兄弟如手足，凡事皆从省啬，独待诸叔之家则处处从厚，待堂兄弟以德业相劝、过失相规，期于彼此有成，为第一要义。其次则亲之欲其贵，爱之欲其富，常常以吉祥善事代诸昆季默为祷祝，自当神人共钦。温甫、季洪两弟之死，余内省觉有惭德；澄侯、沅甫两弟渐老，余此生不审能否相见。尔辈若能从孝、友二字切实讲求，亦足为我弥缝缺憾耳。

附《忮求诗》二首

右不忮

善莫大于恕，德莫凶于妒。

妒者妾妇行，琐琐奚比数。

己拙忌人能，己塞忌人遇。

己若无事功，忌人得成务。

己若无党援，忌人得多助。

势位苟相敌，畏逼又相恶。

己无好闻望，忌人文名著。

己无贤子孙，忌人后嗣裕。

争名日夜奔，争利东西鹜。

但期一身荣，不惜他人污。

闻灾或欣幸，闻祸或悦豫。

问渠何以然，不自知其故。

尔室神来格，高明鬼所顾。

天道常好还，嫉人还自误。

幽明丛诟忌，乖气相回互。

重者灾汝躬，轻亦减汝祚。

我今告后生，悚然大觉寤。

终身让人道，曾不失寸步。

终身祝人善，曾不损尺布。

消除嫉妒心，普天零甘露。

家家获吉祥，我亦无恐怖。

右不求

知足天地宽，贪得宇宙隘。

岂无过人姿，多欲为患害。

在约每思丰，居困常求泰。

富求千乘车，贵求万钉带。

未得求速偿，既得求勿坏。

芬馨比椒兰，磐固方泰岱。

求荣不知餍，志亢神愈怵。

岁燠有时寒，日明有时晦。

时来多善缘，运去生灾怪。

诸福不可期，百殃纷来会。

片言动招尤，举足便有碍。

戚戚抱殷忧，精爽日凋瘵。

矫首望八荒，乾坤一何大！

安荣无遽欣，患难无遽憝。

君看十人中，八九无倚赖。

人穷多过我，我穷犹可耐。

而况处夷途，奚事生嗟忔？

于世少所求，俯仰有余快。

俟命堪终古，曾不愿乎外。

249

203. 谕纪泽

字谕纪泽儿：

接尔初八、初九日两禀，具悉一切。

余以初十日抵天津，途中尚能耐劳耐暑。惟左目益蒙，作字极难，焦灼之至。天津士民与洋人两不相下，其势汹汹。缉凶之说，万难着笔。办理全无头绪，亦断不能轻请回省，且看数日后机缘如何。尔病小愈，为之一慰。然吃饭、出恭二事，生人之定理，尔二事与人迥殊，余每以为虑。目下亦无它法，惟清心寡欲以养其内，散步习射以劳其外，病见则服姜、附等药治之，病退则药即止。如是而已。

鸿儿等京城寓所应在贡院附近看定，即日专人前去，不可再迟，或写信一托魏世兄亦可。尔母目有努肉，似可置之不治。余不多及。

鸿儿起行之时，潘师处须送百金。

涤生手示

同治九年六月十一日

204. 谕纪泽

字谕纪泽儿：

接尔十一、十二日两禀，内有澄、沅两叔信，具悉一切。

余日内平安，惟以眼蒙为苦。天津人心汹汹，拿犯之说，势不能行，而非此又不能交卷。崇帅欲余撤道、府、县三官以悦洋人之意，余虽知撤张守即大失民心，而不得不勉从以全大局。今又闻永定河决口之信，弥深焦灼。自到直隶，无日不在忧恐之中，近三四月益无欢悰。惟祝左目少延余明，即为至幸。

庚帖礼物尽可不必寄来，尔寄信先行阻止，余亦当徐寄一信也。李少帅两信言须调兵自卫，顷已调保定丁乐山所统之四千人来此，其张秋之队暂不必调。朝廷一意主和，调兵转生疑端，且亦未必能御寇也。余不多及。

涤生手示

同治九年六月十四日

251

205. 谕纪泽、纪鸿

字谕纪泽、纪鸿儿：

十五日接尔二人十四日禀，十六日接纪泽十五日禀，具悉一切。纪鸿二十日起行进京，前函既允许矣。余右目久盲，左目日蒙，作字非常之苦。丁中丞荐一县丞刘会和来，据诊云左目可保，右目可挽救几分。而所开方凉药太多，余不敢服，恐蹈郝医之覆辙也。不治则左目不久必坏，殊为焦灼。

天津事尚无头绪，余所办皆力求全和局者，必见讥于清议。但使果能遏兵，即招谤亦听之耳。余不多及。

涤生手示

同治九年六月十七日

206. 谕纪泽

字谕纪泽儿：

接尔十九、二十日两禀，具悉一切。

余于十九、二十日服山东丁中丞荐来之眼医刘姓方药二剂，不惟无效，二十一日又发眩晕之病。竹舲等以为刘方太疏散之咎。今日又请竹舲开方，似四五月旧方，不再服刘方矣。眼蒙殊甚，作字极苦。天津洋案，罗公使十九日相见，虽无十分桀骜要挟之象，然推诿于提督，为兵船到后要挟地步。目下洋船到者已八九号，闻后来尚且不少，包藏祸心，竟不知作何究竟。崇帅事事图悦洋酋之意以顾和局，余观之殊不足恃。死生置之度外，徐俟其至而已。

白玉堂、敦德堂各寄百金尚妥，即照寄去。朱四婶婶处应寄奠仪三十金。高列三请假进京引见，即可允许监印，系佐杂差使。唐君（伯存）科第出身，不欲以此烦之。刘医所开药方二纸抄阅。欧阳健飞与余信寄去，朝珠盒不便寄也。此谕。

涤生手示
同治九年六月二十一日

207. 谕纪泽

字谕纪泽儿：

　　二十三日接尔二十二日禀。罗淑亚十九日到津，初见尚属和平，二十一二日大变初态，以兵船要挟，须将府县及陈国瑞三人抵命。不得已从地山之计，竟将府县奏参革职，交部治罪。二人俱无大过，张守尤治民望。吾此举内负疚于神明，外得罪于清议，远近皆将唾骂，而大局仍未必能曲全，日内当再有波澜。吾目昏头晕，心胆俱裂，不料老年遭此大难。兹将渠来照会及余照复抄去（折片另札行总局，嘱诸公密之）。尔可交与作梅转寄卢、钱及存之一看，以明隐忍，为此非得已也。

　　日来服竹舲药，晕症已减。惟目蒙日甚，断难久支，以后亦不再治目矣。余自来津，诸事惟崇公之言是听，挚甫等皆咎余不应随人作计，名裂而无救于身之败。余才衰思枯，心力不劲，竟无善策，惟临难不敢苟免，此则虽毫不改耳。此谕。

涤生手示

同治九年六月二十四日未刻

208. 谕纪泽

字谕纪泽儿：

连日接尔数禀，具悉。

余自二十一日重发眩晕，二十四日以后泄泻不止，二十六日呕吐。适值崇公在坐，渠遂以督臣病重请另派重臣入告。奉旨外派丁雨生、内派毛煦初来津会办，并派李少荃带兵入直。又因伯王之奏，调蒙古马队三千、东三省马队二千备用。余令道府拿犯已获十一人，或可以平洋人之气。如再要挟不已，余惟守死持之，断不再软一步。以前为崇公所误，失之太柔，以后当自主也。

余之病目为本，眩晕次之，呕泻又次之。日内困惫不堪，又加时事熬煎，郁闷不可耐。然细心默验，惟目病无可挽回，余似尚非不治之症，家中暂可放心，特目光亦终难支久耳。省中有询近状者，可详告之。酷热难于作字，不多及。

涤生手示

同治九年六月二十九日

209. 谕纪泽

字谕纪泽儿:

连接尔二十七、八、九三信,具悉一切。

余泄泻之症,三日内各仅一次。胃口不开,每顿开水饭一碗,勉强毕之。医家言脾脉甚坏,竟日困卧,以俟渐愈而已。

罗使第二次照会,仍索府县抵命。余照复驳之,渠亦无辞以对。兹将照复稿抄去,恐卢、钱、陈诸公须阅也。廷寄共抄一本寄去。若有妥便,可寄澄、沅二叔一阅。上半年日记付去,可命夏吏将五、六两月抄出,觅便寄湘。英国公使威妥玛于二十九日来津,本总署商请渠来劝解罗使者。渠口气亦硬,闻即日邀同罗使还京,余派员往留未允。如两酋皆回京议事,余亦可奏请还省矣。

左眼昏蒙日甚,纵令脾泻、眩晕等症能愈,目光亦必不治。药物终不济事,不可妄信医言,浪费钱文也。此嘱。

涤生手示
同治九年七月初三日

256

210. 谕纪泽

字谕纪泽儿：

连接尔二信，具悉一切。

余病少愈，惟胃口不开，疲软殊甚。眼蒙不能治事，甚以为苦；竟日酣卧，亦甚愧也。

毛煦初尚书初五到津，今日往拜威、罗两公使。两使皆欲回京，余请煦帅婉留在津议结。总署之意，亦欲在津结案，不知可强留否？自余于二十六日第二次照复后，至今别无来文，亦无要求之端，不知有何诡计？英公使威妥玛深通中华文籍，盖各国之主盟，其用心尤不可测。与外国人交涉，别有一副机智肺肠，余固不能强也。

黎、邓定于初七日自津进京乡试，亦送黎元卷三十、邓二十四金。李勉林顷来此间，闻曹镜初亦当一来京师。物议咎我甚峻，则料其必尔矣。此谕。

涤生手示

同治九年七月初六日

211. 谕纪泽

字谕纪泽儿：

连接两禀，具悉一切。

余日内病情如故，总是胃口不开。泄已止，每日出恭一次，但不干耳。贺峻林以精肉煨后再蒸，比食两顿略可下咽。医家谓心脉脾脉皆坏，余亦自觉病深，而尤以目疾为苦。盖目光及胃口皆与尔母相近，而杂病亦多，乃知老境之难也。

法国罗公使第二次照会，欲杀府县。余坚执不允，渠无如何。顷于初九日回京，将与总署商办。闻布国与法国构兵打仗（此信甚确），渠内忧方急，亦无暇与我求战，或可轻轻解此灾厄。余俟事势稍定，即将奏请回省矣。此谕。

涤生手示

同治九年七月初六日

212. 谕纪泽

字谕纪泽儿：

　　初十、十一接尔信，具悉。

　　吾病近四日未服药，专烹精肉鲫鱼之类，胃口稍开，饭量亦加，惟眼蒙日甚。然竟日困卧不治一事，寸心如负大疚。拟每日仍看书若干，今日已看《通鉴》矣。两脚无力，登降犹须扶掖，余似渐平复。

　　钱谷刘幕价本太重，以后至多不得过八百金。尔可托作梅先生与卢、钱诸公商之。法国罗使于初九日回京，英国威使于初十日回京，崇侍郎于十二日进京，此间现无一事。狗肉良可已疾，试之未为不可，申夫极美之也。此谕。

涤生手示

同治九年七月十二日

213. 谕纪泽

字谕纪泽儿：

连接尔信，具悉一切。

余初七日辞江督之疏尚未奉到批旨。如不蒙俞允，须具折请入京展觐，再赴江南履任。如蒙俞允，须于津案结后，奏请开大学士之缺，一面回保定料理一切，或遣眷属于九月先行，余俟大学士开缺后再行南归。若赴江履任，则余进京陛见之际，眷属亦可先行，粗笨之物派人由运河送南。余出京时过保定料检两日，即可成行。一二日奉到批旨，即可定计也。

范兰江之死，余曾允赙仪百金，并允于天津面交蒋道。次日忘之，尔可送交蒋宅，以践此诺。夏子銮一员，可即令其入署接办刘金范之副手。向来月支束脩若干、火食若干，可问明概交赵金波手，请其分布。

此间之案，日内已将府县亲供核定，即将入奏。拿犯八十余人，坚不吐供，其认供可以正法者不过七八人，余皆无供无证，将来不免驱之就戮。既无以对百姓，又无以谢清议，而事之能了不能了尚在不可知之数，乃知古人之不容于物论者，不尽关心术之坏也。余胃口尚好，腿软及目蒙如故，余甚轻适。此嘱。

顷接谕旨，已不准辞。

涤生手示

同治九年七月十二夜

214. 谕纪泽

字谕纪泽儿：

    余日内胃口更开，是一好消息，而两腿软重难行，目光更蒙。尚有人索书对者，尔命王庆云寄笔数支来可也。

涤生手示

同治九年七月十四日

215. 谕纪泽

字谕纪泽儿：

十六、十七日接尔信并对、笔一包。前此已带笔来，吾偶忘之，遂复索取。昨日已写毕矣。

余日内胃口尚开，十四五仍水泻，十六七稍见干涩。医者谓系脾虚发泄，心脾两脉俱虚，阴分尤亏。余以真虚则难补，只好听之。惟眼蒙日甚不能不治，又不欲服眼科习用之药。医者云一贯轮睛，二闻鼻药（鹅不食草等三味研末如鼻烟闻之），三服蒺藜作茶，四以羊肝蒸药末吃，皆偏方也，聊以自解而已。腿软之症，想系衰年常态，不复施治。全不看书则寸心负疚，每日仍看《通鉴》一卷有余。

法国之事，总署奏明仍归余与毛司空筹办。俟丁中丞、李中堂到后，余责日分，或可回省也。名已裂矣，亦不复深问耳。此谕。

涤生手示

同治九年七月十七日

216. 谕纪泽

字谕纪泽儿:

近日连接尔三禀,具悉。

余胃口开后,日来善饭如故,泄泻亦未再来。惟两腿尚软,眼蒙日甚,它无所苦。每日仍看《通鉴》一卷有余。新作丸药一料,今日初服,大约无损亦无益也。兹将方付去。

天津之事,总署催余缉拿正凶提解府县,一日一函,迫于星火。而此间所拿之犯坚不认供,无可如何,极为棘手。见讥清议姑置不论,目下实难交卷。芳香之药,尔亦不宜多服,尝见气痛者服之后愈剧也。此嘱。

涤生手草
同治九年七月二十二日

263

217. 谕纪泽

字谕纪泽儿：

接尔三信，具悉一一。

余病外感全去，饭量日加。菜则精肉鲫鱼二者，烹调得法，食之相安。惟左目日蒙，势难保全。丁中丞来，力劝速治，亦无良方也。

天津县刘令于二十五日抵津，知府张守于二十七日抵津。日内竭力拿犯，已获者近四十人。将来除释放外，计抵偿者二十人内外，军徒者十人内外。如果保定和局，即失民心，所全犹大。但恐和局不成，枉令斯民拘系敲榜耳。

四女之信已令尔母知之否？余定限八月二十三日以前结案，届时当可回省。此嘱。

涤生手草
同治九年七月二十八日

218. 谕纪泽

字谕纪泽儿：

初一、二、三日连接尔禀并澄叔两信，具悉一切。

今日接奉廷寄，马毂帅被刺客戕害，余仍调两江总督，李少帅调督直隶。余目疾不能服官，太后及枢廷皆早知之，不知何以复有此调？拟即日具疏恭辞，声明津案办毕再请开缺，不审能邀俞允否？

余日内食量如故，略复春间之旧。眩晕亦未再发，两腿亦较有力。惟目疾未得少愈，左目与去冬之右目相似。犬肉苟可医目，余亦不难食之。惟宰杀难于觅地，临食难于下喉。佛生少年病目，与余老年之病未必相同耳。章敬亭如肯受八百金之聘，不妨聘请，将来移交少泉；若嫌俸薄，则不聘矣。

此间拿犯已八十余人，日内督催严讯，总期于二十内外讯毕奏结。廷寄令少帅至天津接印，计亦在月杪矣。余不多及。

涤生手示

同治九年八月初四日

219. 谕纪泽

字谕纪泽儿：

　　接尔初四、五、六、七等日禀，具悉一切。

　　余之谢恩折于初七日拜发，恭辞两江新任，实不敢以病躯当此重寄。折稿抄寄尔阅，昨已寄澄、沅两叔矣。如左目长有一隙之明，则还山亦有至乐；若全行盲废，则早晚总不能服官。趁此尽可引退，何必再到江南画蛇添足。节下分各弁等之银，即可照端节之单随宜增减。余胃口尚好，惟两腿酸软未愈，上下皆需人扶掖。昨日拜折起跪亦需人扶。因以六味地黄汤加桂附服之，不知有益否。前写潘琴轩之母挽幛一悬存王庆（下缺）。

同治九年八月初八日

220. 谕纪泽

字谕纪泽儿：

接尔十二、十三日禀，知已与李相会晤。尔之病，吾意非大黄所能奏效，旭亭治冢妇有功，此节应送百金。

吾事所以不能速定者：一则天津教案犯人认供者不过六七人，为数太少，洋人未必肯结案。若再兴波澜，忽来战攻，则吾将获大戾，岂能南行？即不决裂，而全案未结，吾亦不可他往。一则谕旨欠"无庸来京请训"一句，不能不具折请觐。若九月离津入京，则出京必十月矣。吾所以徘徊不决者，以此两者之故。

家眷由水路南下，闻雄县有一段浅阻，出省二日似须起旱。由临清至济宁，九月即已干涸，此四五日亦须起旱。吾意书箱及笨重之物，凡上次施占琦所解者，此次由运河去（派一好委员或铭营之弁），九月初旬即可起行。家眷仍起旱，至济宁乃登舟，九月（有闰十月，九月当不甚寒）中旬起行。余仍起旱至清江浦，入觐则十月成行，不入觐则九月成行。吾之随身衣箱书箱，令王庆云在保定署内锁一室守之，待吾应否入觐有准信时再定局也。吾目病日剧，即至金陵履任，亦不过数月，恐难支持。曾文煜即日当回省清书。余不多及。

涤生手示

同治九年八月十五日

221. 谕纪泽

字谕纪泽儿：

接尔十七、八、九等日禀，具悉一切。

余日内胃口甚好，腿软尚未痊愈，左目亦极昏蒙。尔母目疾，李家邀请可不必去，即至亲如李中堂亦可不必接见。目既残废，又系内眷，自以全不应酬为是。丁雨帅以空青为治目神药，用重价在苏州购得一具，专丁取来，特以见诒，厚意可感。视之黑石，大如鸡卵，摇之中作水响。据云一石可医七八盲人，只要瞳人尚存，眼未封闭者均可复明，但须有良医曾经阅历者乃能取出点注。应否另配他药，渠拟再到苏州请医来治。余试之后，尔母尚可试也。

天津教案拟于二十三日奏结。第一批应斩凶犯现定十五人，流徒等犯二十余人。又限于九月二十日以前奏结第二批。其修堂、恤银等事均于第二次完案，不知洋人允准否。

《史记》《三国志》由江南带来者，尔可寄津。余将分饷京中诸老，内择宽长者一部送李中堂。西间之两《汉书》宽大者，本系余自留之物，亦可割以送李中堂。初印精纸者，余父子三人共有两部，亦云多矣。

男妇等有喜，不能坐辆车，自以雇骡轿为是。虽与肩舆之价不甚悬远，然肩舆四人者究嫌奢靡，尔可速觅骡轿。闻榜信数日后家眷可起行，粗物分两批：一由运河，一寄荃相处托由海运亦无不可，然终以运河为正。盐吏占费将余千金，余不欲以之肥私，可以四百捐育婴堂，余分给诸人（五巡捕各五十，内戈什各三十，外戈什及上房仆婢酌分）。李佛生难带之南行，当力荐之荃相耳。此嘱。

涤生手示
同治九年八月二十一日

222. 谕纪泽

字谕纪泽儿:

连日接尔各禀，具悉一切。

李中堂于二十五日未刻到津，定于九月初六日接印。与语全家眷属南下之事，渠以走水路为长计。询之李佛生、陈小蕃，皆言骡轿动摇，比车之簸荡尤甚，万一倾跌，比之翻车尤险，不如坐轿为稳。询之天津镇陈云卿（济清），则言孕妇坐轿，亦以不能转动舒展为苦。渠妻言历此畏途，相戒不复犯此。余闻此数说，决计令全眷由水路南下。自保定南门外上船，至小保定县，水尚浅，船尚小，此三日略苦。自小保定以下则水已渐深，船亦可换雇大者。由是而天津、而德州，直至临清，皆可请云卿炮船护送，皆坦途也。自临清至张秋，陆路二百四十里，有现驻临清之铭军滕提督（学义）照料。营中有车，无须另雇，轿则由保定带去耳。由张秋而济宁、而韩庄，直至清江浦仍走水路。张秋有李中堂之转运局，有淮军之水师（徐道奎带），有铭军之二成队（八成在沧州），皆可照料。济宁以南并可请昌岐、健飞派船来接。是节节皆有东道主人。水道如无阻滞，则于尔母及两妇均属便宜。近省之河只须闭闸蓄水。若九月十二三日起程，到津时余可与家人相见。李中堂劝余不必奏请陛见，现未定计。

天津教案，已于二十三日奏第一批，定于九月二十日前奏第二批，即行结案。府县定于日内解交刑部。接总理衙门信，洋人声口已松，决不至办重罪。余前奏交刑部，愧悔无已，今始放心矣。

若果不请陛见，则九月二十日后，余亦可起程南下，或专由陆路，或与眷属同由水路均无不可。余签押房内之衣箱、书箱，尔可令王庆云另载一舟同来天津。余纵入京，亦不复过保定矣。俸余三万金上下，可以二万兑汇。钱方伯处由铭军饷项拨还，余由舟次带往。李相绿呢旧车自须送还，新借之车亦可不用，但须带轿三乘耳。余不及。

邵、郑、黄信付去，刘信发还。

涤生手示

同治九年八月二十七日

223. 谕纪泽

字谕纪泽儿：

接尔二十八日禀并赏号一单。巡捕、内戈什太多，外戈什及余人太少，育婴堂之四百金若未送去，即不必送，概提出加赏外戈什及余人等；若已送去，即将十二人减出银百零八两，□□□再由内所添发百金加赏外戈什及余人等。其应加之多少，余以○△［此为原件符号］识之，由尔斟酌加发。

尔病状近日何如？余不知医，但知尔确不宜服大黄。养生家有所谓外功者，用之最能食能大小溲。或少用心，多劳身，亦有小补，亦须从此等处用功。纪鸿、叶甥今日回省，而撷师、叔耘旋即到津。府县今日起解，余具疏痛切救之，迟日抄与尔看。此嘱。

原折批发。

涤生手示
同治九年八月二十九日

224. 谕纪泽

字谕纪泽儿：

初一日接尔二十九日禀并家信等件。满妹之千金既由蒋宅兑回九叔处，将来即须在湘成婚，不能招赘矣。大、二、三女各家皆苦，今冬拟每家寄三百金。四女虽较裕，而遭依永之变，亦拟以此数寄之。趁余家景况好时济之，以后恐难继矣。

谢旭亭初一到此为余诊脉，与五月略同。余自膝以下浮肿，膝以下酸软无力。人多谓由受湿，谢以为肾虚也。

津案拟于十三四日将第二批奏结，请觐之疏亦于尔时拜发，恐十八九日即须进京。全眷过津时将错过，不得一见。若奉旨无庸进京，则与眷属同南下矣。余进京应用衣服，如棉袍褂、小毛中毛袍褂之类，可命王庆云清出，与王瑞徵同于初六日起行来津，或将余之衣箱及随身书籍全交王庆云先行带来。余进京断不久住，总在十月十一以前出京。署中料理一切，如欠得力之人，余当令贺俊林回省一行。

余目光日蒙，丁中丞力劝全不写字看书，并不阅公文。言之恳切深至，日内即当从之。旭亭言心病由于思虑伤脾，亦当力戒也。但琐事如麻，父子均不能不用心。二十八日密片抄寄尔看，或送作梅先生一阅，余亦行知省局矣。此嘱。

涤生手示
同治九年九月初二日

273

225. 谕纪泽、纪鸿

字谕纪泽、纪鸿儿：

　　接纪泽初三、四日两禀，知纪鸿业已抵省。余进京展觐，若值生日期内，则唱戏宴客、收辞各礼，断非病躯所能料理。拟于十三四日具奏，二十、二十一日起程入都，十月初六、七日必须出京。别敬不能速送，只好与诸公订定出京后补送，或腊底再送炭金。保定寄存之二万金，大抵须用去八九千。能不在京遇生日，或虽病尚可支持。

　　写至此，接尔等初五日两禀。尔等奉母若能于十九、二十日抵津，余尚可与家人一见，再行进京。八年正月在京送别敬账簿、十二月送同乡炭敬账单，令潘文质寻出，或先行付来亦可。高列三与潘撷师均今日回保定也，作梅与存之、挚甫、李中堂均留之仕于直隶。惟桐云、勉林、俪秋、鹭卿拟调回江南，难于具奏耳。余目蒙、脚肿未痊，余尚轻健。去年史济源手所制木器及江南器物，可留与李相者，或交作梅、李、陈分用，开单妥交。此嘱。

涤生手示

同治九年九月初六日

226. 谕纪泽、纪鸿

字谕纪泽、纪鸿儿：

接纪泽十一、二日禀，知十二日申刻全眷皆已登舟，想十三已开行矣。闻省雇之船甚小，兹在津雇略大者二号，派戈什哈徐大治带往迎接。若原来之船尚可坐，即不必换，以免耽搁；若原船太小，则换坐此船可也。

余以十三日将津案第二批奏结，十六日拟具折请觐，十八日可奉批旨。若无庸进京，则余与全眷一同南行。否则，余北觐，尔等先南可耳。

赏六十生辰之物已于十二日颁到：匾一方、福寿字各一张、佛一尊、如意一柄、吉绸十卷、线绉十卷。十六当具折谢恩。此嘱。

纪鸿虽未中，然观其场中之作胜于窗下，将来当为科名中人，不必焦急。

涤生手示

同治九年九月十四日

227.谕纪泽、纪鸿

一曰慎独则心安。自修之道，莫难于养心。心既知有善知有恶，而不能实用其力，以为善去恶，则谓之自欺。方寸之自欺与否，盖他人所不及知，而己独知之。故《大学》之"诚意"章，两言慎独。果能好善如好好色，恶恶如恶恶臭，力去人欲，以存天理，则《大学》之所谓自慊，《中庸》之所谓戒慎恐惧，皆能切实行之。即曾子之所谓自反而缩，孟子之所谓仰不愧、俯不怍，所谓养心莫善于寡欲，皆不外乎是。故能慎独，则内省不疚，可以对天地质鬼神，断无行有不慊于心则馁之时。人无一内愧之事，则天君泰然，此心常快足宽平，是人生第一自强之道，第一寻乐之方，守身之先务也。

二曰主敬则身强。敬之一字，孔门持以教人，春秋士大夫亦常言之，至程朱则千言万语不离此旨。内而专静纯一，外而整齐严肃，敬之工夫也；出门如见大宾，使民如承大祭，敬之气象也；修己以安百姓，笃恭而天下平，敬之效验也。程子谓上下一于恭敬，则天地自位，万物自育，气无不和，四灵毕至。聪明睿智，皆由此出。以此事天飨帝，盖谓敬则无美不备也。吾谓敬字切近之效，尤在能固人肌肤之会筋骸之束。庄敬日强，安肆日偷，皆自然之征应，虽有衰年病躯，一遇坛庙祭献之时，战阵危急之际，亦不觉神为之悚，气为之振，斯足知敬能使人身强矣。若人无众寡，事无大小，一一恭敬，不敢懈慢，则身体之强健，又何疑乎？

三曰求仁则人悦。凡人之生，皆得天地之理以成性，得天地之气以成形，我与民物，其大本乃同出一源。若但知私己，而不知仁民爱物，是于大本一源之道已悖而失之矣。至于尊官厚禄，高居人上，则有拯民溺救民饥之责。读书学古，粗知大义，即有觉后知觉后觉之责。若但知自了，而不知教养庶汇，是于天之所以厚我者辜负甚大矣。

孔门教人，莫大于求仁，而其最切者，莫要于欲立立人、欲达达人数语。立者自立不惧，如富人百物有余，不假外求；达者四达不悖，如贵人登高一呼，群山四应。人孰不欲己立己达，若能推以立人达人，则与物同春矣。后世论求仁者，莫精于张子之《西铭》。彼其视民胞物与，宏济群伦，皆事天者性分当然之事。必如此，乃可谓之人；不如此，则曰悖德，曰贼。诚如其说，则虽尽立天下之人，尽达天下之人，而曾无善劳之足言，人有不悦而归之者乎？

四曰习劳则神钦。凡人之情，莫不好逸而恶劳，无论贵贱智愚老少，皆贪于逸而惮于劳，古今之所同也。人一日所着之衣所进之食，与一日所行之事所用之力相称，则旁人韪之，鬼神许之，以为彼自食其力也。若农夫织妇终岁勤动，以成数石之粟数尺之布，而富贵之家终岁逸乐，不营一业，而食必珍羞，衣必锦绣，酣豢高眠，一呼百诺，此天下最不平之事，鬼神所不许也，其能久乎？

古之圣君贤相，若汤之昧旦丕显，文王日昃不遑，周公夜以继日坐以待旦，盖无时不以勤劳自励。《无逸》一篇，推之于勤则寿考，逸则夭亡，历历不爽。为一身计，则必操习技艺，磨炼筋骨，困知勉行，操心危虑，而后可以增智慧而长才识。为天下计，则必己饥己溺，一夫不获，引为余辜。大禹之周乘四载，过门不入，墨子之摩顶放踵，以利天下，皆极俭以奉身，而极勤以救民。故荀子好称大禹、墨翟之行，以其勤劳也。

军兴以来，每见人有一材一技、能耐艰苦者，无不见用于人，见称于时。其绝无材技、不惯作劳者，皆唾弃于时，饥冻就毙。故勤则寿，逸则夭，勤则有材而见用，逸则无能而见弃，勤则博济斯民，而神祇钦仰，逸则无补于人，而神鬼不歆。是以君子欲为人神所凭依，莫大于习劳也。

余衰年多病，目疾日深，万难挽回，汝及诸侄辈身体强壮者少，古之君子修己治家，必能心安身强而后有振兴之象，必使人悦神钦而后有骈集之祥。今书此四条，老年用自儆惕，以补昔岁之愆；并令二子各自勖勉，每夜以此四条相课，每月终以此四条相稽，仍寄诸侄共守，以期有成焉。

同治九年十一月初二日

228. 谕纪泽、纪鸿

字谕纪泽、纪鸿儿：

余十三夜宿燕子矶船厂侧，今日东北逆风，仅行二十余里，至划子口住宿。右脚着有眼之洋袜，左脚着洋绒袜，不知果能消肿否。竹舻之方现尚未服，廉昉言到扬代觅佳茸，或当服之。折差汪正清、梁廷超先后进京，可买百余金之茸一试。或在京买（似是打磨厂天会号，再问），或在祁州买，尔自酌之。

织造处送程仪百金，外加五十金水礼（书在外）预备。江表弟归，于六十金之外或加二十千更妥。以渠用费不资，恐未足偿之也。

尔辈身体皆弱，每日须有静坐养神之时，有发愤用功之时。一张一弛，循环以消息之，则学可进而体亦强矣。余俟续及。

涤生手示

同治十年八月十四夜

229. 谕纪泽、纪鸿

字谕纪泽、纪鸿儿：

纪泽十五、六、七、八等日禀，纪鸿十八日禀均已接到。

余十五、六日均停阻划子口。十七午刻始开行，夜宿泗源沟之小河。十八申刻抵扬州。十九日因泥泞未阅操，而应酬极烦，疲乏之至。

接沅叔信，知牧云于八月一日仙逝。凌云有寄星泉信，余拟暂不寄去，而先寄一信于李相，报牧云之病，请其催星泉速归。兹将原信付尔兄弟一览。

李道三回鄂，可送渠洋三十元。竹林订定至扬州止，不再前进。蒋鉴海事可令叶亭拟一稿函致石泉，并拟复艻泉信稿一同付来。彭霖穷乏，却无事可找。卢入洋务局，唐子明帮保甲局，事属可行。余脚肿已消十之九，亦未服药。余俟续告。

沅叔信一厚封，欧宅讣信在内。

涤生手示
同治十年八月二十早

280

230. 谕纪泽、纪鸿

字谕纪泽、纪鸿儿:

　　接纪泽十九、二十、二十一三日禀，具悉一切。

　　余于十八日抵扬，十九日拜客。旋至运署查库，即饮戏酒。二十日阅操，申正毕。旋在厉伯苻家饮酒。二十一日阅操，申初毕。旋在何廉昉家戏酒，司道公请也。二十二早开船，风逆水逆，仅行二十里。二十三日亦仅行二十里，顷始到邵伯耳。

　　脚肿于十五、六、七日消去十分之九。在扬昼夜应酬，未能再消，且似更肿。盖此症宜于清闲养之，不宜劳心劳力也。今日难支，似有外感。魏荫亭送鹿茸一架，廉昉送鹿茸面子五两，昨夜已试服二钱。

　　欧阳星泉既遭家艰，余意讣信且缓寄去。昨有信致李相，末一叶说星泉事，兹抄寄一览。石泉信已核过，兹付回并付官封一件，署中缮正后或交鉴海带去，或另发邮递，均无不可。黎竹林言接纪鸿信，又孙体有不适，不知是何病症？尔母所缠洋绒，是否在金陵所买？如金陵有之，则可买就寄至行辕；如金陵无之，则余□时在镇江自买可也。余不一一。

涤生手示

同治十年八月二十三日申正，邵伯书

231. 谕纪泽、纪鸿

字谕纪泽、纪鸿儿：

二十五接纪泽二十二、三日两禀，具悉一一。

芗泉信稿收到，少迟核过寄回。鉴海似须送五十金，不可再少。石泉信已发，俟下次再谢申夫事也。余二十四宿露筋祠。二十五查堤工，泊宿马棚湾。

脚肿似已全消。养生无甚可恃之法，其确有益者：曰每夜洗脚；曰饭后千步；曰黎明吃白饭一碗，不沾点菜；曰射有常时；曰静坐有常时。纪泽脾不消化，此五事中能做得三四事，即胜于吃药。纪鸿及杏生等亦可酌做一二事。余仅办洗脚一事，已觉大有裨益。孙方与回籍，自可不候余信。余日来应酬极繁，尚可勉支。瑞亭今日来见，臀痈久未痊，弱瘦之状可虑。余不一一。

涤生手示
同治十年八月二十五夜，马棚湾

232. 谕纪泽

字谕纪泽儿：

　　戈什哈来，言凌云必欲于此次搭丁中丞轮舟至湖口。尔舅氏来此，曾未少加款洽，余思陪同一餐亦尚未办。尔可强留少住数日，与尚斋一同返鄂，并为我致意留之。如万不肯留，则送菲仪百金，外船费二十两，袍褂料一付，星泉船费三十两，必于今日上灯以前赶至下关乃可。如其能留，则更妙矣。

　　荐差事之说，只能写信与筱泉（即日排单发）。去年叶亭之差，系少泉所荐也。

涤生手示

同治十年九月初旬

233.谕纪泽

字谕纪泽儿:

十一日接尔初七日禀,十二日接到初八、九日两禀。星泉业到金陵接得讣函,想已飞轮西上矣。

余在徐州阅武□,十一日起行南旋。感冒全愈,脚肿亦未再发。惟目光似更昏蒙,或以船轿中看书稍多之故。余以生平学术百无一成,故老年犹思补救一二。尔兄弟总宜在五十以前将应看之书看毕,免致老大伤悔也。

余十五日可达清江,十九、二十应可南渡阅看镇、常。兹有寄澄、沅两叔信,并刘毅斋信,尔速寄去。七月杪所寄之信,湘中久未接到,何也?酱蟹剔粪后似须着□□花椒乃行捆缚,偶忘,试一询之。此谕。

涤生手示

同治十年九月十二夜,旧邳州

234. 谕纪泽

字谕纪泽儿:

十四日接尔初十、十一日两禀,十五日又接十二日禀,具悉一切。

余十一日自徐州起行,按程行走,十五已抵清江。惟末一日下雨,余皆平畅,身体全愈,并未服药。惟此七日未吃夜饭,亦食馒头烧饼之类,酒席则未尝耳。

王逸梧以主考过此,余应送百金。叶亭赴鄂,尽可即行。筠仙有信一件,或请叶拟稿复之。途次接霞仙信,偶寻未见,不知包封夹回署中否?余本欲托尚斋买川笋(长约二寸余,圆围约比茶碗略小),今叶甥赴鄂,即交银五六两,托其带佳者若干斤。此外如有函稿,令其开单寄叔耘办可也。定枚得扬州局差,不无小补。牧云兄处拟寄五十金及挽联、挽幛,十一月专差送亲族年礼再行汇寄。丁心斋事处置尚可。余不一一。

再,余带来《通鉴》十一本,系一百四十八卷至百八十三卷止。其中缺少一百七十八九、百八十之三卷,系少一本,不知在家中否?其书系雨生中丞所赠,另有一直箱存于签押房之西一间。尔试往一检查,如寻出,即将此本寄来。并添寄百八十四卷以下八本(合现带者为共二十本);若寻不出,则将托苏州书局补刷矣。又及。

涤生手示

同治十年九月十五夜,清江舟次

235. 谕纪泽、纪鸿

字谕纪泽、纪鸿儿:

迭接纪鸿二十二日,纪泽二十三、四、五日所发各禀,具悉一切。

余于二十二日未刻抵常州。二十三日看操。二十四五过无锡、常熟。二十六日在福山看操。二十七日季君梅、杨滨石及府县请游虞山二寺。二十八申刻抵苏州,将上岸小住三日。初二日计可离苏赴松。

二十五、六、七三日皆连夜行船,体尚平安。惟眼蒙较甚于在署时,到上海当一找张石谷,然内障总无治法也。吾望尔兄弟殚心竭力,以好学为第一义,而养生亦不宜置之第二。吾近日寄澄、沅两叔信甚稀,纪泽宜常寄禀,以十日一次为率。壬秋、星泉二十五果成行否? 宝秀果全愈否? 常常挂念。署中用度宜力行节俭。近询各衙门,无如吾家之靡费者,慎之。此谕。

涤生手示

同治十年九月二十八日,阊门外

236. 谕纪泽

字谕纪泽儿：

初三夜接三十及十月初一日禀，具悉。

余于二十八日抵苏后，二十九竟日拜客，夜宴张子青中丞处。三十日在家会客，织造及质堂、眉生、季玉公请戏酒。初一日在恽次山家题主，后接见候补百六十余人，司道府县公请戏酒。初二日早看操，夜湖南同乡公请戏酒。初三日下河赴松江，仅行三十里即泊宿，约计明日初五可抵松江，初八当可抵上海，十一日当可抵吴淞，归署在十四五矣。

身体粗健，惟眼蒙日甚，恐左目又将蹈右目之辙。苏抚送魁将军入川程仪二百两，藩百两，臬百两。余与抚军事同一律，亦须送二百两。尔问明藩及道各送若干，即封二百金送去。江龙三来署，闻其病未全愈，当于十一月令其旋湘。沅叔有一信由镜初封内来者，具道纪寿入学事，兹寄汝阅看，余不一一。

涤生手示
同治十年十月初四午初，昆山舟中

287

237. 谕纪泽

字谕纪泽儿:

接尔十月初四、五、六、七等日来禀,具悉一一。澄叔及纪瑞、纪官各信亦均阅过。吾乡二十四都进学五名之多,洵为从来所未有。

吾自松江初七起行,申刻即至上海,应酬三日,毫无暇晷。

初十日,各官备音尊为余预祝,十一日又将备音尊正祝。余力辞之,而自备酒面款接各客。内厅抚、提、藩等二席,外厅文武印委等二十席。虽费钱稍多,而免得扰累僚属,此心难安。巳正席散,即登舟起行,傍夕抵吴淞口。十二日可看水陆操演。十三再看半日,即驾轮舟西还,计十四可达金陵。

彤云以轮船三号送我。如魁将军尚未起身,当以恬吉一号送之赴鄂。第冬令水涸,九江以上节节浅阻。彤云深恐轮舟能往而不能返,坚请到鄂不停留一日,即放该船回沪。尔可与将军订定。若将军十五后再行,则程仪可待余归再送。第此信到宁,恐余已先到耳。余不一一。

涤生手示

同治十年十月十一夜,吴淞口舟中

出品人：许　永
责任编辑：许宗华
特邀编辑：黎福安
封面设计：海　云
内文排版：百　朗
印制总监：蒋　波
发行总监：田锋峥

投稿信箱：cmsdbj@163.com
发　　行：北京创美汇品图书有限公司
发行热线：010-59799930